THE RAF TYPHOON MANUAL

1994 onwards (all marks)

英国皇家空军“台风”多用途战斗机

[英] 安东尼·洛夫莱斯（Antony Loveless）著

郭 宇 译

CONTENTS 目录

3 “台风”强劲的心脏

欧洲喷气 EJ200 发动机

4 猎杀执照 151

5 飞行员眼中的“台风” 175

6 工程师眼中的“台风” 239

QO·G
ZJ917

ACKNOWLEDGEMENTS 鸣谢

没有哪本书可以靠着某个人的一己之力撰写完成。我的名字可能会出现在封面上，但这本书是整个团队勤奋和努力的成果，每个团队成员对本书的编撰都做出了重大的贡献，是必不可少的组成部分。

首先，我要感谢英国皇家空军人员的大力支持，有了他们，才让这本书的编撰成为可能。他们分别是：帝国勋章获得者、中队长斯图亚特·贝尔福（Stuart Balfour MBE），他的灵感和支持为编撰项目插上了翅膀，丰富了本书的内容。在国防部任职的中队长约翰·麦克福尔（John McFall），手握指挥棒并参与项目运作。还有，联队长马克·奎恩（Mark Quinn），尽管已经远超他的职责范围，但他依然不遗余力地回答我的问题，而且总是很快地回应我。在“台风”战斗机指挥总部的联队长罗杰·艾利奥特（Roger Elliott）也在项目中起到了不可或缺的作用。衷心感谢他们为项目的辛勤付出。

在此，要特别感谢卡罗尔（Carol），没有他的耐心，对我的信任，忍受着各种不便，以及无尽的支持，我是不可能完成本书的编撰的。

同时也感谢我的朋友乔纳森·法尔科纳（Jonathan Falconer），以及海因斯（Haynes）出版社的所有工作人员，他们在本书编撰的初期就发现了其价值和潜力，乔纳森对本书的项目始终保持着兴趣，并无私地投入支持、热情，以及纯粹地、孜孜不倦地努力工作。

我对国防部及其工作人员对本项目的信任和支持表示由衷感谢，也感谢皇家空军在康宁斯比基地（RAF Coningsby）的多名工作人员，他们协调各方，帮助我找到需要的对象进行访谈，获得珍贵的第一手资料。感谢联队长保罗·戈弗雷（Paul Godfrey）、吉姆·罗宾逊（Jim Robinson）、摄影师皮特（Pete）以及无数其他皇家空军“台风”大家庭的家人们，还有尼克·罗宾逊（Nick Robinson），感谢你所做的一切——和你一起工作非常轻松愉悦。

也感谢欧洲战斗机技术部门的凯瑟琳·霍洛姆（Kathryn Holm），感谢她及时、愉快的回复以及无私的帮助。

非常感谢一直支持我的朋友和家人。

最后，我要感谢所有现役军官、军士和技术人员，接受我的访谈，他们贡献了自己的宝贵时间和经验来创作这本书。没有你们，我不可能完成这项工作。

谢谢大家！

对页图：第1435飞行中队的“台风”战斗机飞行在马尔维纳斯群岛（英国称福克兰群岛）周围的南大西洋上空。（英国皇家空军供图）

照片中，这架第 29（R）中队的“台风”T1 双座型战斗机正在战斗起飞，已爬升至高空。这架战斗机在战斗起飞时，使用的跑道长度很短，应该是油门推到“最大加力”状态（从飞机尾喷管喷出的长长的火焰就能看出来），让飞机在最短的时间和滑跑距离内，达到起飞速度。[克莱尔·斯科特（Clare Scott）供图]

AUTHOR'S NOTE
作者手记

海因斯（Haynes）手册系列丛书中还没有一本像本书一样介绍“台风”这样当今世界最新锐、最先进的战斗机，因为在这之前，出版社还没有接受委托，去描写最新装备，本书算是开天辟地头一回了。这种先进的多用途战斗机现在依然保持着明显的技术优势。

如果读者是有工程背景的海因斯手册系列丛书的老读者，希望看到“座舱盖里面”的深度剖析，那在阅读本书时可能会夹杂着失望与惊喜。令人失望的部分可能是本书描写的“台风”战斗机并不像传统的机械详解那样细致到位，令人惊喜的是，“台风”重新定义了很多事物。

英国皇家空军负责维护“台风”战斗机的机务工程师戏称“维护该机就像在电脑上使用即插即用的USB设备一样方便”。飞机上没有过多需要软件和硬件工程师做出调整的东西。90%的系统问题或显示问题都像你或我使用电脑遇到软件问题那样，“Ctrl+Alt+Delete”解决。

重启系统通常能解决大部分问题。极少数问题需要进一步处理，这时只需要给飞机的数据接口接上诊断组件（就像在修理汽车时，机修工用连接OBD的手持机来读取并处理行车电脑关于各种故障灯背后的故障码一样）进行诊断处理。技术人员根据设备提示，拆下像黑盒子一样的航电模组，然后替换上功能正常的模组，并进行简单设置，就完成了维修，跟更换电脑上的即插即用的外设一样方便。

“台风”战斗机，就像你第一眼看到的那样，是一种具有划时代意义的飞机，结合了最前沿的制造技术和材料技术，系统整合了最先进的科技。造就了这种相当先进、高机动性、高作战效能的多用途战斗机，是世界范围内现役战斗机中的佼佼者。飞机的高机动性源自放宽静稳定度的设计，在航空界，放宽静稳定度设计是一种潮流和趋势，是飞机可以随心所欲地改变姿态和侧倾角。这意味着“台风”的气动布局采用了静不稳定设计，实际上，仅飞控系统就占用了70台机载计算机来维持飞机的正常飞行。

这种设计的好处是使飞机在超音速状态和低速状态均能拥有优异的敏捷性。飞机配备了一套4余度数字电传飞控系统，为飞行员提供了人工增稳飞行控制能力，否则，单纯靠人力的反应和操控，是根本控制不住飞机的。

“台风”的方方面面都站在技术的前沿。机体在制造时使用了最新的轻质高强度复合材料。70%的机体结构由碳纤维复合材料（CFC）制造而成，另外 15% 由金属材料（钛合金和铝合金）制造，其余部分，12% 为玻璃钢（GRP）和 3% 的亚克力材料制造。

“台风”战斗机的三角翼布局，配合远距耦合的鸭翼为飞机提供了令人难以置信的敏捷性和高升力系数，由此带来了优异的短距起降能力（STOL），同时维持了较低的阻力系数。“台风”战斗机成系列地装备了大量传感设备，包括ECR90雷达和一套用于自卫的“先进整合防御辅助系统”（DAS）。飞行员通过“手不离杆”操纵系统（HOTAS）就可以操控飞机大部分功能，并在操控飞机进行复杂机动的同时，通过语音命令来控制机载设备。

鉴于“台风”装备有两台性能强大的 EJ200 发动机，飞机可以在不开加力的情况下，以高于音速的速度巡航。“台风”整机的推重比高达 1.2∶1，一架满挂满载的“台风”战斗机在低空从 200 节加速到马赫数 1（跨音速），用时仅为 30 秒。飞机共有 13 个外挂点，一门固定机炮，可挂载多种库存中现有的北约制式的外挂武器，包括最新的空空导弹以及对地 / 对面打击弹药。

2011 年在“埃拉米”行动（Operation Ellamy）期间，英国皇家空军的“台风”战斗机参加了首次作战部署，成为英国投入对利比亚作战力量的一部分，在实战环境中，展现了其优异的性能。“台风”现已接替“狂风”F3 战斗机执行“快速反应警戒”（QRA）任务，全副武装的“台风”战斗机全年无休（每天 24 小时，全年 365 天待命出击），时刻准备着，拦截一切威胁英国领空的飞行物。英国皇家空军在马尔维纳斯群岛永久部署了一支“台风”战斗机分队，成为保卫群岛的先头部队。在 2012 年伦敦夏季奥运会期间，英国皇家空军在诺索尔特（RAF Northolt）部署了一个“台风”战斗机支队，保卫着首都上空的安全。

英国皇家空军自从装备了“台风”战斗机，在历史上首次拥有了一种可在任何作战环境下部署的成熟的作战飞机。从空中警戒巡逻、维和行动空中支援到高强度作战冲突，“台风”战斗机都能很好地完成任务。“台风”依靠极强的任务弹性和极高的作战效能，显著提高了英国皇家空军的作战能力。

本书可以使读者更加深入地了解是什么造就了“台风”战斗机这样一种富有潜力的作战平台，给读者打开一扇门，去了解该机是如何运行的，驾机飞行和日常操作是一种什么样的感觉，是什么让其保持良好的飞行状态。

由于“台风”是在英国皇家空军进入服役不久的新型战斗机，关于该机的一些细节，出于战术机密以及国家安全保密要求的原因，不能悉数详尽透露。但这些对读者了解这种超乎想象的飞机不会造成太大的影响，仍能让读者真实地感受该机的先进和强大。

接下来，请大家尽情享受探秘之旅！

照片中的这架第3（F）中队的“台风”战斗机身披中队成立100周年纪念涂装。这个历史悠久的中队，1912年5月13日在拉克希尔（Larkhill）成立。[劳埃德·霍根（Lloyd Horgan）供图]

QO-C
LARKHILL
1912
100
ZJ936

THE TYP

“金牛座山”演习期间，一架来自第3（F）中队的“台风”战斗机在英国上空进行快速反应警戒任务（QRA）的飞行训练。（英国皇家空军供图）

HOON STORY

1 “台风”的故事

欧洲战斗机“台风”引领了航空领域的技术革命。“台风”超音速战斗机研发和制造，是欧洲最大规模的军事合作项目的产物，在服役伊始，就是世界上最先进的新一代多用途 / 多任务作战飞机。从 2004 年以来，生产厂商共向 6 个国家交付了 350 架欧洲战斗机“台风”，这些国家包括德国、英国、意大利、西班牙、奥地利和沙特阿拉伯。2012 年，阿曼成为第 7 个订购该型战斗机的用户。

“欧洲战斗机”“台风”FGR4（F、G、R 3 个字母分别对应英文单词“战斗 / 对地攻击 / 侦察”的首字母）是世界上最先进的多用途战斗机，自 2008 年 7 月 1 日宣布形成战斗力以来，“台风”战斗机成为英国皇家空军第一种，并且是唯一一种官方认定的具备多用途作战能力的高速喷气战斗机。和英国皇家空军装备的其他高速战斗机相比，“台风”可以快速抵达战区并准确投射弹药，其独一无二的特点就是在奔赴目标区域以及返航的途中，该机可以依靠自身的空战能力面对敌机，而不需要另外的战斗机为其护航。“台风”也可以作为近距空中支援作战平台，在支援友军地面部队作战时，向敌方地面目标投射弹药，进行压制。

开端

“台风”战斗机并不是简单的替代老迈的“狂风”F3 战斗机，重走之前的老路，而是一种全方位的技术革命！“狂风”战斗机在 20 世纪 60 年代末开始研制，是冷战时期技术水平的代表作，以当今的眼光来看，该型飞机是机械呆板的、非智能化的，并且技术上非常保守，没有升级扩展的空间。“狂风”F3 在 1986 年问世，是一种远程截击机，用来替换服役多年的“闪电”F6 和“鬼怪”FGR2 战斗机，主要作战任务是拦截当时苏联庞大的远程轰炸机群，尤其是图波列夫图 –22M“逆火”超音速轰炸机。

与“狂风”战斗机相比，“台风”不仅仅是技术上的进步，更是一场革命。“台风”在研制期间，几乎每个子系统都用上了当今已实用化的最先进技术，但其最明显的特性就是“面向未来”，经得起未来战争的考验。当有新的技术实现应用，“台风”战斗机就可以在现有框架上将其快速整合，而不像过去之前几代飞机那样大拆大改地进行现代化升级改装。

早在 1971 年，“狂风”战斗机开始研制的时候，英国下一代战斗机的研发需求就确定下来了。从项目的早期概念阶段开始，即后来演化成欧洲战斗机“台风”的研发项目，该机就设定了多用途 / 多任务作战平台的研制目标。

对页图：为德国空军制造的“台风”战斗机在欧洲航空防务和航天公司（EADS）位于曼兴（Manching）的总装厂内完成交付。德国空军装备的“欧洲战斗机”的最后总装、系统测试、试飞以及服役期间的技术支持都是在位于巴伐利亚州的 EADS 曼兴总部进行的。[“欧洲战斗机”项目成员乔夫·李（Geoff Lee）供图]

HYDRAULIK
EIN
GT006

DEMAG
F.O.D

本页图与下页图：为英国皇家空军制造的“台风”战斗机在BAE系统公司旗下位于兰开夏郡沃顿的英国宇航系统公司的总装厂房内完成总装。沃顿工厂是欧洲战斗机项目所有英方负责的研发工作的制造基地。（BAE系统公司与“欧洲战斗机”项目成员乔夫·李联合供图）

“台风”战斗机在防空拦截任务上的表现，远超“狂风”战斗机。一架来自驻康宁斯比第 11 中队的“台风”F2 战斗机（上）和同中队先前的主力——“狂风”F3 战斗机密集编队飞行。第 11 中队作为向多任务能力转型的先头部队，率先着力发掘提升“台风”战斗机的对地攻击能力，到 2008 年夏天，该中队的“台风”战斗机已形成战斗力，可以随时进行部署。（英国皇家空军供图）

DA
90 Years 1915-2005
XI
ZE887

为德国空军制造的 180 架“台风”战斗机在 2000 年 12 月开始生产。德国空军的首架量产型“欧洲战斗机”在 2003 年 2 月首飞成功。（“欧洲战斗机”项目成员乔夫·李供图）

15
REMOVE BEFORE FLIGHT

2002 年英国范堡罗航展上，BAE 系统公司试飞员 C. 本莱斯（C. Penrice）驾驶 DA2 原型机开加力起飞。（“欧洲战斗机”项目成员乔夫・李供图）

ZH588

对页图：2002 年英国范堡罗航展上，BAE 系统公司的 DA2 原型机正在表演垂直爬升，从照片上清晰可见，翼下挂载了两枚用“响尾蛇”导弹改造的拉烟筒，机腹下挂载了 4 枚 AIM–120 先进中距空空导弹（AMRAAM）。（“欧洲战斗机”项目成员乔夫·李供图）

在20世纪70年代末，该机最早的方案是“带有平尾”的常规布局，在此期间，“狂风”战斗机进行了首飞。

尽管设计方案满足国防部的需求，但其与麦克唐纳·道格拉斯公司的F/A–18“大黄蜂”战斗机太过相似了，而当时“大黄蜂”的研制进度比本项目更快。大家认为该方案的未来发展潜力有限，到了投产阶段，至关重要的出口市场就会被更加成熟的“大黄蜂”战斗机所占领。

1979 年，与英国新机项目几乎是同期，当时的联邦德国提出了新型战斗机的研制需求，发展概念的代号为 TKF–90，设计方案采用曲边前缘的三角翼，配合前置鸭翼进行控制和人工增稳。尽管英国宇航系统公司的设计人员反对一些过于激进的方案要素，但还是接受了 TKF–90 的整体布局。

在当年的后期，梅塞施密特 – 博尔科 – 布洛姆（MBB）公司和英国宇航（BAE）系统公司分别向各自的政府提交了一份正式提案，要求联合研制新型战斗机，名为“欧洲联合战斗机”（ECF），也称“欧洲战斗机”，不久，法国的达索公司也加入了 ECF 的研制团队，成为三国联合研发项目，该项目后来演变为“欧洲战斗机”。在这个阶段，新型飞机首次被冠以“欧洲战斗机”的名字。

1985 年 8 月 2 日，英国、联邦德国和意大利在都灵签署协议，决定继续研制“欧洲战斗机”，而法国和西班牙确认退出研制项目。不久，西班牙动摇了，尽管有法国人施加压力，但他们还是在一个月后重新加入了联合研制项目。法国宣布正式退出联合研制，转为自行研制 ACX 项目，该项目后来演变为“阵风”战斗机，并在 2000 年进入部队服役。

该协议成为“欧洲战斗机”研发项目的基础，该项目将新机确定为敏捷性极高，直到 21 世纪中叶都能保持技术优势的先进战斗机，该机为单座双发，拥有极强的超视距（BVR）空战能力，并且具备强大的对地攻击能力。最终方案强调本身固有的灵活性，意味着在不影响空中优势作战能力的前提下，对地、对面攻击能力可以得到充分扩展。

1986 年，一家多国合资的名为“欧洲战斗机股份有限公司”（Eurofighter Jagdflugzeug GmbH ）的跨国公司在德国慕尼黑成立，统领协调 4 国联合设计、研发和制造代号为 EFA 的“欧洲战斗机”。公司由欧洲战斗机 4 个研制伙伴国的主要飞机制造公司组成，负责向北约“欧洲战斗机”及“狂风”战斗机管理局（NETMA）交付“欧洲战斗机”的武器系统。NETMA 建立的目的是为“欧洲战斗机”研制伙伴国家的政府监督伙伴国各自空军采购“欧洲战斗机”“台风”及其相关武器系统的行为。

BAE SYSTEMS
MARK
BOWMAN

对页图：BAE 系统公司试飞员马克 · 褒曼 (Mark Bowman)，工作驻地为兰开夏郡沃顿。(BAE 系统公司供图)

随着欧洲战斗机有限公司的成立，两个合作联盟也以同样的方式成立，去完成同一个目标。一个是欧洲涡轮喷气动力有限公司，由罗尔斯 · 罗伊斯（英国）、阿维奥（Avio）（意大利）、ITP（西班牙）和 MTU 航空发动机公司（德国）联合建立，负责为新飞机研制 EJ200 涡轮风扇发动机。一个是欧洲雷达公司，负责设计、研制和生产先进的“捕手”雷达，由塞利克斯 · 伽利略（英国和意大利合资）、EADS 防务电子（德国）和因陀罗（INDRA）（西班牙）联合建立。

任何多用途战斗机都要在对地攻击和空战任务两种角色之间取得一定的折中，4 个联合研制伙伴国对新机的需求多少存在着差异，这在项目的未来发展中一定会产生更多的冲突。

好在项目初期，各参与国一致同意将夺取空中优势作为首要需求，这就很容易地确定了飞机的整体气动设计。苏联解体以后，北约最大的威胁解除了，设计理念也不可避免地受到影响，新机的需求、任务角色和作战能力不得不重新进行审视和定位，以适应后冷战时代国际防务环境的持续变化。

“欧洲战斗机”首架原型机在 1989 年开始制造，1994 年在巴伐利亚首飞。4 个合作研制国家一致同意在各自国家均设立生产线和总装厂：英国生产基地设立在沃顿的 BAE 系统公司，德国的设立在曼兴的 EADS 厂区内，意大利的设立在位于都灵的阿莱尼亚飞机公司，西班牙的设立在位于盖塔菲（Getafe）的 EADS CASA 工厂。

1997 年 12 月，合作研制的 4 国的国防部长在波恩签署了一项涉及生产和技术维护的谅解备忘录，标志着研发项目达到一个里程碑。随后，在 1998 年 1 月 30 日，NETMA 和欧洲战斗机有限公司也签订了初期生产和技术维护的合同，包含采购 620 架“欧洲战斗机”。英国承诺采购 232 架，德国承诺采购 180 架，意大利 121 架，西班牙 87 架。飞机的生产任务根据各国的采购数量分配，英国航宇（37.42%）、德国 DASA（29.03%）、阿莱尼亚（19.52%）、CASA（14.03%）。

1998 年 9 月 2 日，合作伙伴国在范堡罗举行了新机命名仪式。新机被正式命名为“台风”，但这个命名遭到德国方面的抵制，理由不难理解，因为德国在二战时期，被英国的霍克“台风”战斗轰炸机“暴揍”过，“台风”这个名字刺激着他们敏感的神经。在研制项目初期，“喷火”II 的名字也被考虑过，当然，也因为同样的原因遭到抵制（有心理阴影），没有被采用。

阶段性量产

考虑到新型飞机的升级改进潜力以及未来增加新型作战能力的可能性，研制伙伴国决定将飞机的生产分为三个批次阶段：第一批 148 架，第二批和第三批都是 236 架。第一批飞机的生产在 2003 至 2007 年完成，第二批在 2007 至 2012 年之间生产，第三批在 2013 年至 2018 年生产完毕。

“台风”配套的 EJ200 发动机，计划产量为 1382 台，也根据主机的分批生产计划，分三批完成制造。

“欧洲战斗机”“台风”的首个批次生产合同在 1998 年 9 月 18 日签署。这份固定总价合同价值 70 亿欧元，包括了第一阶段批次的 148 架飞机的生产制造。

第一批量产型欧洲战斗机的分段总成制造工作在 1998 年末开始，在 2003 年夏季开始交付，在 4 个研制伙伴国家的制造公司的生产线上，共有 100 多架处于不同制造阶段的飞机在装配。第一架“欧洲战斗机”“台风”在 2003 年至 2004 年初由 4 个研制伙伴国家的空军进行型号审定并验收。第一架完工的“欧洲战斗机”由德国空军接收；然后是英国皇家空军，皇家空军接收的首架飞机留在沃顿用于飞行训练；第 3 个接收飞机的是西班牙空军；排在最后的是意大利空军，迎来了他们姗姗来迟的首架飞机。2004 年春季，“欧洲战斗机”进入全部 4 个研制伙伴国家的空军服役。

2003 年 7 月，欧洲战斗机有限公司签署了首个出口合同，首个出口用户——奥地利确定购买 18 架飞机，在 2007 年开始交付。2007 年，经过预算审核后，合同进行了变更，最终确认交付 15 架第一阶段批次标准的飞机。

2004 年 12 月 14 日，欧洲战斗机有限公司与 NETMA 签署了第二阶段批次，236 架飞机的生产合同，价值 130 亿欧元，使欧洲战斗机成为当时订单量最大的新一代战斗机。

2007 年，“欧洲战斗机”成功实现第二次出口，英国政府和沙特阿拉伯签订了 72 架第二阶段批次标准飞机的采购合同，用于装备沙特阿拉伯王国空军（KSA）。双方同意，第一批 24 架飞机由 BAE 系统公司制造，将生产线上原本为英国皇家空军生产的飞机转给沙特用户，空缺份额由后续新生产的飞机递补。首架飞机在 2009 年 6 月交付给沙特空军。

2009 年 7 月 31 日，“欧洲战斗机”项目迎来另一个重要阶段，4 个研制伙伴国签署了第 3 阶段批次第一批飞机的生产合同，共 112 架，包括发动机在内，合同总值为 90 亿欧元。

下图：BAE 系统公司的 DA4 双座原型机在沃顿场站降落时，在跑道上打开减速伞。照片中可见飞机挂载了“先进近距空空导弹”（ASRAAM）和“先进中距空空导弹”（AMRAAM）。（“欧洲战斗机”项目成员乔夫·李供图）

TYPE
Eurofighter
Typhoon
98

2003 年，“欧洲战斗机”在德国曼兴进行型号审定。（“欧洲战斗机”项目成员乔夫·李供图）

随着编号为BS037的“台风”战斗机机身前段抵达302H总装线并卸车，首架为英国皇家空军制造的第二批次即将进行总装。（BAE系统公司供图）

奥地利空军的“欧洲战斗机”以采尔特维克（Zeltweg）为基地，他们的飞机装备了ISR-T格斗导弹。（“欧洲战斗机”项目成员乔夫·李供图）

7L WG
ROYAL SAUDI AIR FORCE
ZK081
ROYAL SAUDI AIR

2007年9月17日，沙特阿拉伯宣布与BAE系统公司签订了一份价值44亿英镑的采购合同，购买72架“台风”战斗机。2011年8月11日，首批24架飞机交付沙特皇家空军。[德永克彦（Katsuhiko Tokunaga）摄影/“欧洲战斗机”项目供图]

从后面拍摄的“台风”配备的欧洲发动机公司的EJ200发动机细节特写。发动机的后燃器（加力燃烧室）为发动机提供了额外的推力。照片可见尾喷管的最末端，其收敛—扩散机构的细节清晰可见。（本书作者供图）

NATOMY OF
E TYPHOON

2 详解“台风”战斗机

“台风”战斗机的机体结构由碳纤维复合材料、轻质合金、钛合金以及玻璃钢材料制造装配而成，其大三角机翼也具备低可探测性的技术特性。该机整合了当时最先进的航电设备，整机采用低翼载设计，并且具备高推重比的特性，造就了这种令人眼前一亮的，作战效能优秀的，并且具备高机动性和高敏捷性的先进战斗机。

“欧洲战斗机”“台风”是迄今世界上唯一一种拥有 4 条独立总装线的现代战斗机。每个合作研制的伙伴公司都用各自的总装线制造本国的飞机，但也负责制造全部 683 架（含出口）飞机的通用部件。

机体的设计寿命为 6000 小时，相当于服役 30 年。1998 年 9 月，机体的静力测试完成，模拟 18000 飞行小时才出现结构性损坏，达到了设计寿命的 3 倍！

概述

“台风”FGR.4 是一种高速多用途喷气战斗机，既有标准的单座型，也有双座型。整机为鸭翼—三角翼布局，在亚音速范围内具备静不稳定气动特性。该机的鸭翼—三角翼气动布局设计是为了满足以下需求：

* 亚音速和超音速条件下的瞬时及稳定盘旋性能；
* 敏捷性；
* 高升力特性及短距起降（STOL）能力；
* 优异的加速性能；
* 降低阻力。

综上，外加追求低翼载、整机高推重比、优异的座舱全向视野和“无忧操纵”的飞控系统，研发团队将“台风”打造成为一种飞行性能和操控品质兼优的先进战斗机。

尽管“台风”不是隐形战斗机，但设计团队还是采取一切措施，尽可能有效降低雷达反射截面积（RCS）。换句话说，该机的基本设计中应用了低可探测性技术。“台风”整合了低视觉可见性，低雷达信号特征，大量使用被动探测传感器、防御辅助设备、保密通信设备，还有超音速巡航能力，座舱中的飞行员可获得清晰的战场态势图，并持续实时掌控飞机的电磁信号特征的水平，确保“欧洲战斗机”“台风”在复杂战场电磁环境下具备极高的生存能力，并在缺乏地面和空中指挥控制的条件下独立作战。

机体材料

“台风”战斗机得益于近年来冶金工业、高分子材料学和复合材料的飞速发展和进步。除了机体蒙皮内的高科技系统设备以外，机体本身就是前沿科技的产物，“台风”超过 80% 的结构都是新材料组成，其机体表面比传统的全金属结构飞机更加平滑细腻。这为缩小飞机的雷达反射截面积做出了显著的贡献，并且带来了额外的优势，其强度—重量比明显优于之前的传统飞机。

“台风”的机体结构主要由碳纤维复合材料（CFC）、轻质合金、钛合金和玻璃钢（GRP）制造。

机体表面的 70% 为碳纤维复合材料，15% 为轻质合金和钛合金，12% 为玻璃钢材质，其余 3% 由其他材料制造，每架“欧洲战斗机”“台风”的机体结构只有 15% 由金属材料制造。应用轻质高强度材料，可以让“台风”相对于之前的机型，机体和发动机的外形尺寸缩小 20%，重量降低 30%。这也可以降低飞机的雷达反射信号特征，从而使飞机获得一定的雷达隐身能力。

研制伙伴分工

德国顶尖的 AEROTECH 公司负责最主要的机身中段的制造；西班牙 EADS CAXA 制造右侧机翼和前缘缝翼；意大利阿莱尼亚航空工业公司制造飞机左侧机翼、外侧襟副翼和机身后段；BAE 系统公司负责制造前机身（包括鸭翼）、座舱盖、背鳍、垂直尾翼、内侧襟副翼后机身分段。

座舱盖

视野宽阔的座舱是“台风”战斗机在空战中取得优势的一个重要加分项。“台风”的单片式防鸟撞气泡形亚克力座舱盖是同级别飞机里尺寸最大的，也是应用效果最好的，为飞行员提供了座舱外 360° 的水平方向视野、两侧 40° 的下视视野以及机头方向 15° 的下视视野（先前的飞机，机头方向只有 12° 到 13° 的下视角度）；为了增大飞行员的视野，弹射座椅也加高了。世界范围内，只有美国空军的 F-22“猛禽”战斗机拥有比这更大的座舱盖。

气泡式座舱盖比起早期战斗机的老式平面座舱盖，能为飞行员提供更宽广的视野。而老式飞机的舱盖视野狭小，容易在后方留下视野盲区，后面敌机中的飞行员就可以利用这一点，发起偷袭。

一架英国皇家空军第6中队的“台风”FGR4战斗机正在飞行。“台风”战斗机的机体结构由现代材料制造，例如碳纤维复合材料（CFC）、轻质合金、钛合金和玻璃钢（GRP）等。（英国皇家空军供图）

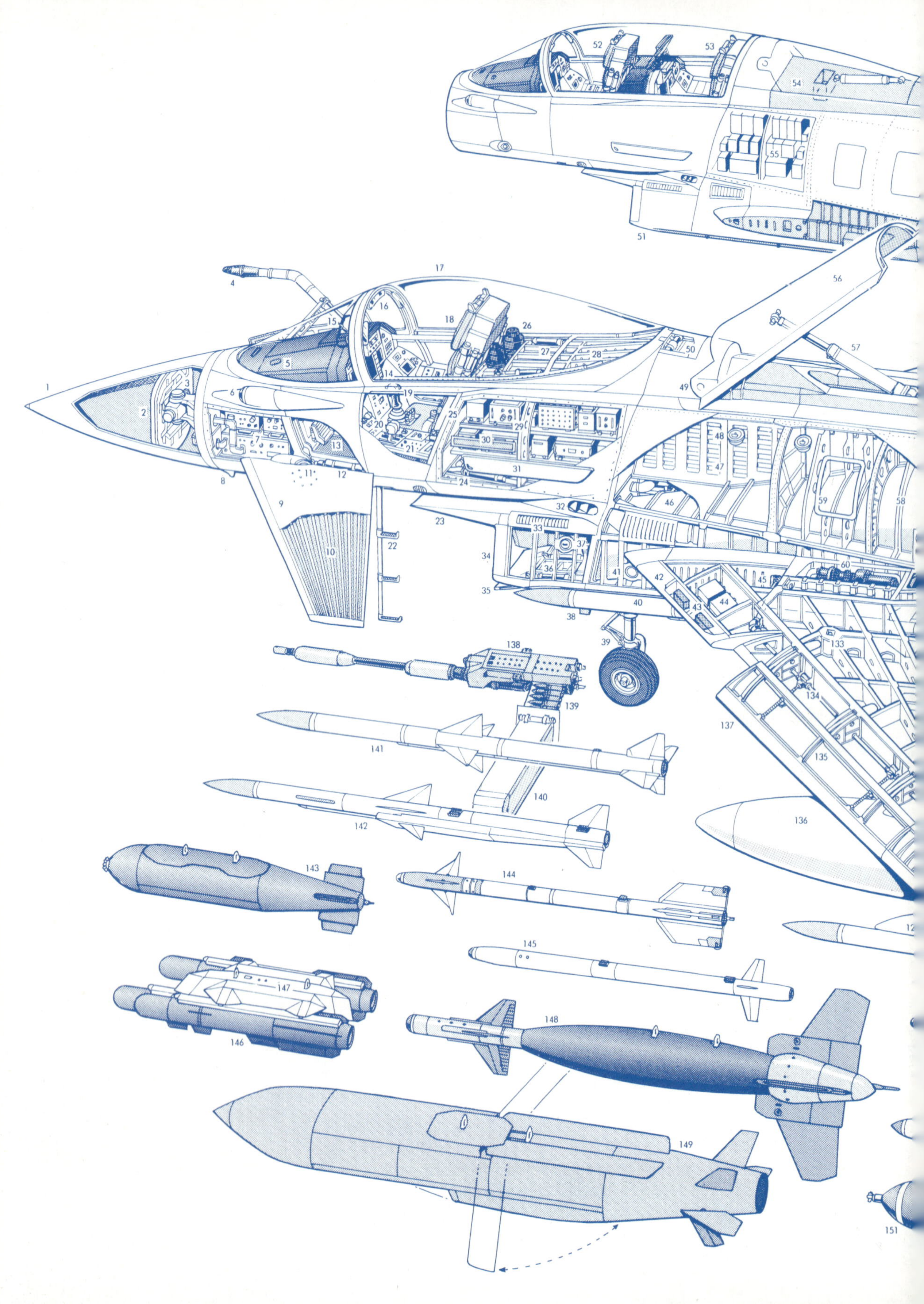

52
53
54
55
51
4
17
56
16
15
18
26
27
28
50
57
5
1
3
2
6
19
49
7
13
20
21
25
29
30
31
48
47
8
12
11
24
59
58
9
32
46
23
33
10
22
37
34
36
41
42
60
45
35
40
44
43
38
39
138
133
134
139
137
141
135
140
142
136
143
144
145
147
146
148
149
151

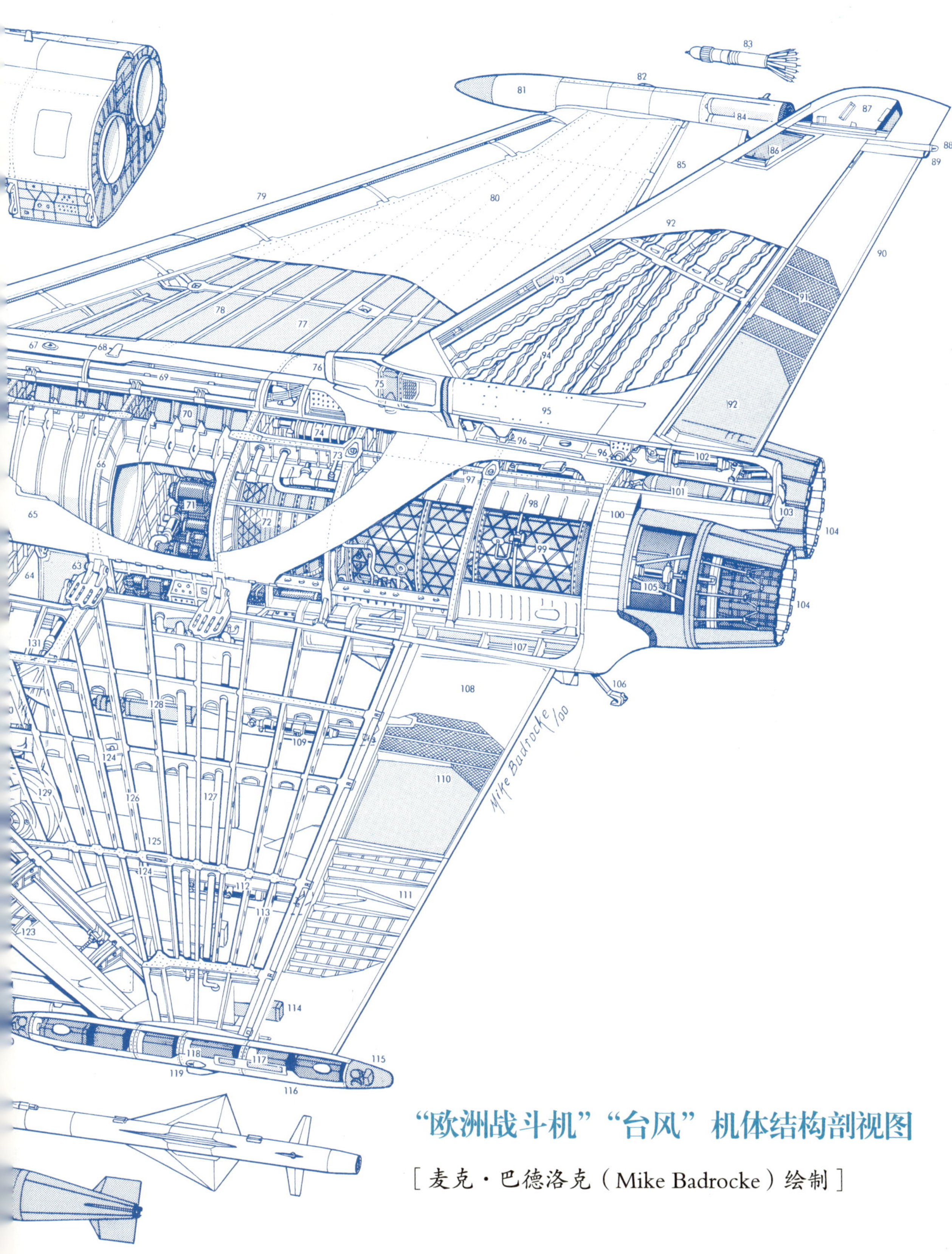

“欧洲战斗机”“台风”机体结构剖视图

[麦克·巴德洛克（Mike Badrocke）绘制]

1 玻璃钢材质 (GFRP) 雷达罩，维护时向右开启
2 ECR-90 多模式脉冲—多普勒雷达天线
3 雷达天线偏转作动机构
4 可收放式空中加油受油管
5 仪表板遮光罩
6 前视红外探测器
7 雷达设备舱
8 大气数据传感器
9 左侧鸭翼
10 鸭翼内部扩散连接钛合金结构
11 鸭翼安装枢轴
12 液压作动筒
13 方向舵脚蹬
14 装有全彩下视显示器 (HDD) 的仪表板
15 平视显示器 (HUD)
16 后视镜
17 向后上方开启的座舱盖
18 马丁·贝克 Mk16a“零－零”弹射座椅
19 连接全权数字主动飞行控制技术 (ACT) 电传操纵系统的操纵杆
20 具备“手不离杆”操作 (HOTAS) 功能的油门杆
21 侧操纵台
22 飞机自带登机梯（伸出状态）
23 附面层隔板
24 航电设备舱下方的空调设备组件
25 座舱加压倾斜隔框
26 增压活门
27 座舱盖锁闭作动筒
28 座舱盖后部隔板
29 左右两侧的航电设备舱
30 电致发光编队灯
31 前机身整流片
32 空调系统热交换器排气孔
33 进气调节板放气管口
34 左发动机进气道
35 可变截面积进气调节板
36 进气调节板液压作动机构
37 座舱盖外部开启手柄
38 下部超高频 (UHF) 天线
39 向后收起的前起落架
40 机身前部半埋式导弹挂架
41 压力加油口
42 机翼内侧前缘固定部分
43 导弹发射及迫近信号特征探测天线
44 导弹告警传感器组件
45 与中心电机连接的前缘缝翼驱动轴
46 进气道
47 前机身油箱
48 重力加油口
49 减速板安装铰链
50 座舱盖开闭铰链
51 双座同型教练型的机身前段和中段
52 飞行学员座席
53 飞行教员座席
54 机背油箱
55 重新布置的航电设备舱
56 机背减速板
57 减速板液压作动筒
58 机身中段整体油箱
59 油箱维护检查口盖
60 机身左侧的机炮舱和辅助动力单元 (APU)
61 APU 排气口
62 机炮弹药箱
63 钛合金机翼安装固定组件
64 主起落架轮舱
65 碳纤维复合材料 (CFC) 机身中段蒙皮
66 机加工的机翼附件和机身主框架
67 频闪防撞灯
68 塔康 (TACAN) 天线
69 机背线缆管道及外部整流罩
70 中段整体油箱
71 备用发电设备舱，发动机驱动的附件机匣
72 欧洲发动机 EJ200 加力式低涵道比涡轮风扇发动机
73 发动机前端安装固定点
74 液压油箱，左右两侧双系统
75 发动机引气主热交换器
76 热交换器冲压进气口

77 右侧机翼整体油箱
78 机翼油箱表面呈网格状填充的阻燃泡沫
79 右侧机翼前缘缝翼
80 碳纤维复合材料 (CFC) 机翼蒙皮
81 右翼尖电子战 (EW) 吊舱
82 右航行灯
83 拖曳式雷达诱饵 (TRD)
84 电子战吊舱后部的诱饵舱段（内含两套拖曳诱饵）
85 右翼外侧升降舵 / 副翼
86 高频 (HF) 天线
87 上部超高频 / 敌我识别 (UHF/IFF) 天线
88 尾部航行灯
89 应急放油口
90 方向舵
91 方向舵内部的蜂窝结构
92 垂尾和方向舵的碳纤维复合材料蒙皮
93 电致发光编队灯
94 垂直安定面“正弦曲线”形状的纵梁
95 热交换器排气口钛合金护罩
96 垂直尾翼安装固定点
97 发动机后端安装固定点
98 发动机舱隔热层
99 加力燃烧室
100 尾喷管密封板
101 减速伞舱
102 方向舵液压作动筒
103 铰接式开闭的减速伞舱门
104 可变截面尾喷管
105 尾喷口调节液压作动筒
106 紧急着陆拦阻钩
107 后机身半埋式导弹挂架
108 全碳纤维复合材料结构的左翼内侧升降舵 / 副翼
109 内侧升降舵 / 副翼液压作动筒
110 升降舵 / 副翼内部的蜂窝结构
111 左翼外侧全钛合金结构的升降舵 / 副翼
112 外侧升降舵 / 副翼液压作动筒
113 作动筒整流罩
114 外侧挂架上安装的诱饵弹布撒器
115 后部电子对抗 / 电子监视 (ECM/ESM) 设备天线
116 翼尖电子对抗 / 电子监视设备吊舱
117 编队灯带
118 左航行灯
119 电子设备冷却空气冲压进气口
120 前部电子对抗 / 电子监视设备天线
121 外侧导弹发射滑轨
122 左翼两段式前缘缝翼
123 机翼中部导弹挂架
124 挂架安装固定点
125 左侧机翼整体油箱
126 机翼多面板梁架结构
127 线缆管道
128 安装在升降副翼铰链整流罩上的诱饵布撒器
129 左侧主机轮
130 主起落架减震支柱
131 液压收放千斤顶
132 起落架支柱安装短梁
133 翼根挂架安装固定点
134 前缘缝翼作动螺旋顶杆和扭矩轴
135 缝翼滑动导轨
136 330 加仑外挂副油箱
137 前缘缝翼伸出位置
138 毛瑟 BK27 27 毫米机炮
139 供弹轨
140 炮弹箱，弹药基数 150 发
141 AIM-120 先进中距空空导弹 (AMRAAM)
142 “流星”未来先进中距空空导弹 (FMRAAM)
143 BL-755 集束炸弹
144 AIM-9L“响尾蛇”近距空空导弹
145 ISRS-T 近距格斗空空导弹
146 “硫磺石”空对面反装甲导弹
147 3 联装导弹挂载 / 发射装置
148 GBU-24/B“铺路”III 2000 磅激光制导炸弹
149 MBDA“风暴阴影”防区外发射制导攻击弹药
150 MBDA ALARM 空射反辐射导弹
151 1000 磅高爆 (HE) 炸弹，117 号延迟引信

2

本页图和下页图“台风”战斗机的防鸟撞座气泡形亚克力舱盖（照片中是一架“台风”FGR4战斗机的座舱盖）是同级别战斗机中尺寸最大的，只有F-22战斗机的一体式座舱盖能比这个更大些。这种高通透，无遮挡设计的座舱盖可以为飞行员提供将近360°的视野（座舱中的照片是在一架“台风”T3双座型飞机中拍摄的）。（本书作者供图）

上图和下图“台风”战斗机有两种样式的座舱盖，双座型的单片式座舱盖，长度达到了 2.7 米，这个尺寸在历史上量产的军用飞机中是最大的。单座型的座舱盖长度稍短，为 2.6 米。(英国皇家空军供图)

双座型“台风”战斗机的单片式座舱盖长达2.7米，是全球所有量产的军用飞机中尺寸最大的！单座型“台风”的座舱盖略小，但也有2.6米长。尽管这个大舱盖看上去非常简单粗暴，但其设计和制造却比想象中复杂得多，有时各项设计指标还会发生冲突。这些指标包括应力、疲劳特性、抗鸟撞性能以及飞行员快速离机逃生时的便利性。

当飞行员在紧急情况下不得不弹射跳伞时，座舱盖会由安装在边框上的两台火箭发动机推动，从机身上被抛弃。

机身

“台风”战斗机的机身由多个分段组成，分为以下几段。

前机身

前机身包含：座舱区域和风挡/座舱盖；鸭翼作动筒；可完全收放的空中加油受油管；雷达—红外传感器；航电设备和环控系统（ECS）舱室。座舱后面装有液压驱动的减速板，打开的最大角度接近垂直，可在需要时提供尽可能大的气动阻力，让飞机减速。

机身中段

机腹的铝合金材质的进气口，顶部有一个楔形的附面层隔板，中间有垂直的分隔板，两侧的壁板兼具引气整流功能。进气道底部唇口可调节，为发动机在所有工况下提供最佳的进气条件。

主机身包含油箱、备用发电系统、部分起落架轮舱、主机翼安装承力结构和内置机炮。机身框架为铝锂合金材质，表面蒙皮为碳纤维复合材料（CFC）。

两个发动机舱之间有一面垂直安装的由钛合金制成的超塑成型和扩散连接的抗剪力网格隔板。两片可翻折打开的硕大的发动机舱盖板构成了机身底部的结构部件。机身外部温度条件允许的地方，蒙皮都采用碳纤维复合材料制造。

后机身

发动机舱覆盖了机身两个主要舱段，后机身也安装着垂直尾翼和应急拦阻钩总成。

空中加油受油管

一架战斗机的“阿喀琉斯之踵”就是航程，活动的范围直接受此限制。战斗机的设计目标就是轻巧、快速、机动灵活，这些指标意味着飞机本身的载油量会受到很大的限制。“台风”预设的不加油的单次任务时间是一小时至一个半小时之间，飞机的作战半径根据任务类型的不同，还会有所缩减。

在任务空域逗留时间的增加，对任何作战飞机来讲都是作战效能的增倍，为了具备这种能力，“台风”装备了北约标准的可收放式空中加油受油管。整套受油系统安装在风挡右侧下方的一个小舱室内。在空中加油作业过程中，这种设计给了飞行员绝佳的视野和能见度。在紧急情况下，需要放油减重时，燃油可以通过安装在机尾的应急放油口快速放掉。

为了在利比亚上空执行时长高达 8 小时的作战任务，“台风”战斗机需要进行三次空中加油才能满足任务要求。“台风”战斗机应用了先进的数据链共享技术，空中预警指挥机（AWACS，E-3“望楼”这类飞机）可实时监控战区每架飞机的剩余油量和弹药余量，针对每架飞机的情况，为其分配适合的打击目标，同时管理复杂的空中加油任务安排。

进气口

“台风”的进气口位于机腹，很大程度上借鉴了 F-16 的设计。进气口布置在此，不论在何种迎角或者速度状态下，都能保证发动机持续不断地吸入空气。机体内的进气道随着机身曲线变化，呈 S 形，这样，从前方直视进气道内部，就看不到发动机的涡轮叶片了，可以大大减小“台风”战斗机正面的雷达反射截面积。进气道内侧的底部边角为圆形，两侧为斜面，改善了进气道内的气流流场并进一步减小了雷达反射截面积。进气道下部唇口是可调节的，而顶部唇口是固定的。

左进气道内装有积冰探测器，此处是最可能形成积冰的部位之一。积冰探测器由一个探测器和一片以固定频率震动的金属片组成。如果形成积冰，金属片的震动频率就会改变，从而触发座舱内的积冰告警，提示飞行员采取必要的措施。

一架英国皇家空军单座型“台风”FGR4 战斗机准备起飞。照片中，飞机的前鸭翼清晰可见，风挡左前方装有雷达—红外传感器，机头最前端是雷达罩。（英国皇家空军供图）

DR CLAYDEN
NO STEP
DANGER

SQN LDR S G FORMOSO

这架“台风”战斗机飞行在北海上空，照片中清晰可见前机身和机身中部的标记，表明该机隶属于英国皇家空军第 17（R）中队。2003 年，第 17（R）中队接收了“台风”战斗机，成为英国皇家空军首支装备“台风”的中队。该中队驻地为沃顿，与制造工厂在同一地区，在执行战备任务的同时，也负责对这种新飞机进行评估认证，并形成完整的战斗力。（英国皇家空军供图）

上图：这架英国皇家空军第 29（R）中队的单座型“台风”FGR4 战斗机在机腹中线挂架上挂载着副油箱，在照片中清晰展现了后机身的轮廓和细节。“台风”战斗机通过外挂副油箱来增加飞机的载油量。在机腹中线和每侧机翼中部各有一个“湿”挂点，总共可以挂载三个副油箱。（英国皇家空军供图）

机翼

“台风”战斗机拥有一副大三角机翼。三角翼（“德尔塔”机翼），顾名思义，机翼的平面形状为三角形，其英文单词“Delta”来源于希腊字母。希腊字母中第 4 个字母的发音为“德尔塔”，字母的大写为三角形形状，因此“德尔塔”就指代了“三角形”的意义。三角翼相比单纯的后掠翼有着明显的优势。首先是前缘拥有足够的后掠角，当飞机的速度接近音速、跨过并超过音速时，三角翼的前缘不会触及机头处形成的激波的边界。机翼的后掠角使垂直于机翼前缘的空速大大

降低，可以让飞机平稳地在高亚音速、跨音速或者超音速状态下飞行，同时使通过机翼上表面的上升气流的速度保持低于音速。

三角翼在所有平面形状的机翼中的翼面积（可以产生升力的有用面积）是最大的，进而单位面积的翼载也是最低的，为飞机本身的高机动性奠定了坚实的基础。三角翼的翼根在纵向几乎贯穿了整个机身，机翼主梁与机身的结合点位于重心的前部，因此可以把机翼的强度造得远高于后掠翼。通常情况下，三角翼的强度要高于类似后掠角的后掠翼，同时机翼内油箱的容积或其他舱室的容积也要比后掠翼更大。

英国皇家空军的 VC-10 加油机正在给两架第 24（R）中队的“台风”FGR.4 双座型战斗机进行空中加油，一架“狂风”GR4 战斗轰炸机在加油编队旁伴飞。航程是每种战斗机无法回避的痛点。如果没有空中加油“续命”，“台风”战斗机的留空时间最多只有 90 分钟。（英国皇家空军供图）

XV107
BE
BF

“台风”战斗机的机翼看着非常轻薄简洁，但不要被这个外表唬住了哦。虽然看上去“薄如蝉翼”，但其强度要求非常高，必须要承受大机动时的过载。打个通俗易懂的比方，每侧机翼都可以承受 35 辆大众“高尔夫”轿车的重量。机翼前缘装有自动的前缘缝翼，确保在整个飞行包线范围内，让机翼都有着合适的弯度，提升气动性能。

机翼前缘后掠角为 53°，这种构型在升力和敏捷性方面达到了最佳的组合。机翼面积大约为 50 平方米，在典型作战状态下的翼载非常小，额外提升了飞机的机动性。纵向的静不稳定特性使飞机在飞行时会自然地抬头，进一步提高了飞机的敏捷性，并有助于减小阻力。

每侧机翼都是多梁架结构，内含整体油箱。机翼装有前缘缝翼，后缘整个翼展范围内均装有升降副翼，翼尖装有先进防御辅助子系统。主起落架安装在每侧机翼下方。机翼蒙皮和梁架使用了碳纤维复合材料（CFC），翼梁与机翼下表面蒙皮黏接在一起。翼肋使用碳纤维材料加强，并装有金属材质的结构加强点，用于安装外挂架。机翼 / 机身安装固定点和外侧的升降副翼为钛合金材质。

下图与对页图：“台风”战斗机腹部安装的进气道，内部呈 S 形，这样从飞机前方直视进气道内部，就看不到发动机的进气风扇叶片了。这种设计缩小了“台风”战斗机前向的雷达反射截面积。下图可见进气口可调节唇口已经放到了最大偏转角度。（英国皇家空军供图）

C LAYDEN
NO STEP
AIR INTAKE
KEEP CLEAR

WG CDR A J SEYMOUR
XXX XXX
ROYAL AIR FORCE
Celebrating 90 Years

本页图与下页图"台风"战斗机的三角翼布局在亚音速条件下的气动特性是静不稳定的，但赋予了飞机优异的亚音速/超音速瞬时和稳定盘旋性能。（英国皇家空军供图）

“台风”战斗机的三角翼强度足够应付大过载条件下施加在其上的巨大负荷。每侧机翼在理论上可以承受35辆大众“高尔夫”轿车的重量。（“欧洲战斗机”项目成员乔夫·李供图）

鸭翼

下图：“埃拉米行动”期间，一架“台风”战斗机在意大利乔亚·德尔科勒（Gioia del Colle）空军基地的滑行道上滑行。飞机的鸭翼向下偏转，进入减速板（或称“负升力”）模式。照片中，飞机翼下挂载的“铺路”系列对地攻击制导弹药清晰可见，该系列弹药在作战行动中得到广泛使用。（英国皇家空军供图）

“台风”战斗机前部面积较小的前翼（有时称为“鸭翼”）是飞机的重要部件，关乎着飞机的技战术性能表现。这种布局使“台风”具备天然的不稳定飞行特性，必须依靠机载飞控计算机控制鸭翼以每秒数百次的微小修正动作保持飞行姿态的稳定。两侧鸭翼的作动机构是相互独立的。

鸭翼配合方向舵以及机翼上的升降副翼，参与飞机的俯仰和滚转控制。鸭翼会在不同的飞行状态下为飞机提供配平调整，尽可能地降低飞机的阻力，当飞机在降落滑跑过程中，鸭翼还能偏转到与水平面近乎垂直的角度，将气动阻力增加到最大，当作另外一套减

速板来使用。

“台风”与普通的鸭式布局战斗机或多用途喷气机相比，其鸭翼安装位置相当靠前，几乎到了机头处。这种布局在大迎角条件下可与主翼产生远距耦合效应，提升大迎角状态下的操控性，但鸭翼也对飞行员左右两侧向下的视野造成了遮挡，这也是各种权衡的结果了。

全动鸭翼由钛合金材料制造而成，采用超塑成型和扩散结合工艺，实现在满足高强度和最佳气动外形的前提下，将重量降到最低。这些控制面使飞机具备高超的敏捷性以及飞行员操控响应的即时性。当鸭翼当作减速板使用时，可有效缩短飞机的着陆滑跑距离——从机轮接地到飞机可以完全停住的滑跑距离。

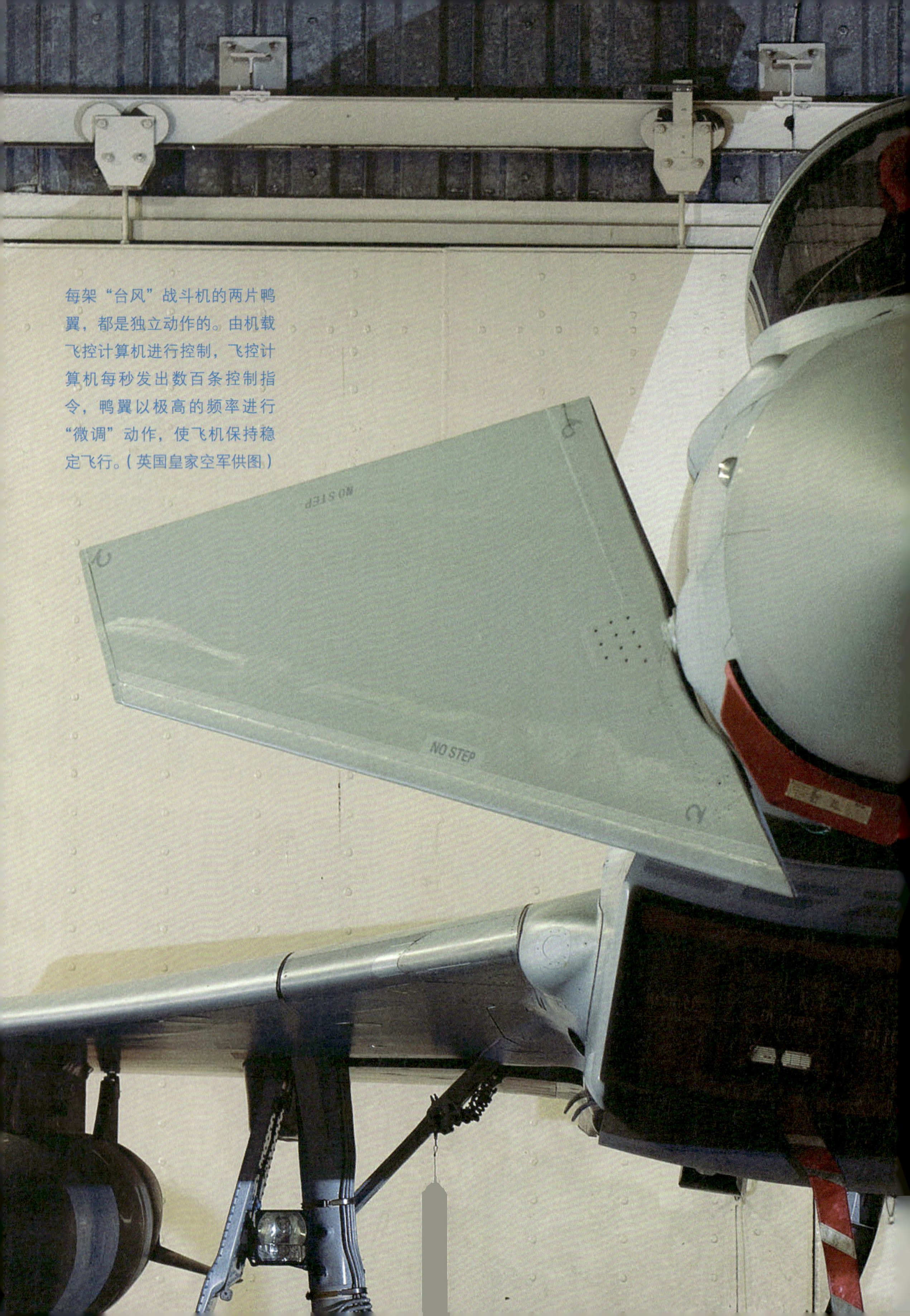

每架“台风”战斗机的两片鸭翼，都是独立动作的。由机载飞控计算机进行控制，飞控计算机每秒发出数百条控制指令，鸭翼以极高的频率进行“微调”动作，使飞机保持稳定飞行。（英国皇家空军供图）

NO STEP
tbduk

本页图与对页图“台风”战斗机的起落架为标准的前三点起落架，前起落架位于前机身下，主起落架位于两侧翼下。主起落架向内收起，前起落架向后收起。（本书作者供图）

起落架

“3 个绿灯！”这是大多数飞行员在降落进近阶段，放下起落架的过程中，反复在头脑中闪过的“咒语”，他们等待着起落架放下指示灯变亮的那几毫秒，指示灯亮了，他们也就放心了，这意味着飞机的 3 个起落架已放下，并锁止到位。

“台风”战斗机的最大允许起飞重量为 23500 千克。在飞机抬头瞬间（即将起飞的时刻），飞机尾部下压，机头抬起，前起落架离地，飞机的全部重量都压在了主起落架上。在进近速度为 185 节的情况下，飞机的最大着陆重量为 18800 千克。飞机的起落架在接地瞬间，首当其冲地起到了减震的作用，这样可以在接地时吸收并消耗一部分飞机的动能。

下图与对页图：“台风”战斗机的轮胎由邓禄普公司为其量身定制。起落架最主要的作用就是减震，在飞机接地瞬间，吸收动能。（本书作者供图）

在执行对利比亚作战的“埃拉米”行动期间，这架第3（F）中队的“台风”战斗机起飞执行任务，飞行员将起落架收放手柄抬至“收起”位置。在照片中清晰可见翼下挂载了副油箱，可有效增加飞机留空时间。（英国皇家空军供图）

上图：垂直尾翼提供横向稳定性。照片中的这架第3（F）中队的“台风”战斗机，在垂尾上喷涂了中队100周年纪念主题涂装。（英国皇家空军供图）

“台风”战斗机的起落架要满足一系列苛刻的要求，才能让其拥有300米的最短起飞滑跑距离和700米的最短着陆滑跑距离。“台风”的起落架是中规中矩的前三点式布局，每个起落架总成配有一个机轮，机轮的轮胎是由邓禄普公司为“台风”战斗机专门研制的。

翼下的主起落架是向内收起的，前起落架是向后收起的。主机轮的尺寸为30.5英寸×10英寸，前轮的尺寸为20英寸×8.5英寸。前轮的转向控制由飞控系统的辅助控制部分掌控。机身后部装有一个应急拦阻钩。

“台风”的起落架收放由电子信号控制，液压作动系统完成动作。通常情况下，过载为+1g时，飞行员将起落架收放手柄扳到“放下”位置，大约5秒钟后，起落架完全放下并锁止。在主液压系统失效的情况下，飞行员只要按下座舱内的起落架应急放下开关，备用液压系统就可以将起落架放下。

机轮刹车系统的工作环境相当恶劣，在重载和高速条件下要发挥

上图：第 6 中队的机务人员正在为本中队的"台风"战斗机做航前准备，他们正在给翼下挂点挂载副油箱。每个副油箱容量为 1300 升，可有效增加飞机的航程。（本书作者供图）

作用，并且因为制动摩擦产生大量的热量，整个系统会工作在极端高温环境下。每个机轮上的刹车盘都是碳纤维材质，在 180℃至 300℃的温度范围内，刹车效率才有保证。

垂直尾翼

垂直尾翼安定面和方向舵除了前缘和后缘采用铝锂合金材料制造外，其余部分都是碳纤维复合材料（CFC），垂尾翼尖为玻璃钢（GRP）材质。垂直尾翼除了为飞机提供横向稳定作用以外，还在尾翼内部安装了大量关键的机载系统。

垂尾的结构由碳纤维复合材料、玻璃钢、铝合金和钛合金组成。这些结构材料组成了坚固的结构，同时还减轻了结构重量，提高了飞机的气动性能。

FIRE EXIT
FLIGHT

机载系统

对页图：液压系统/飞行控制软件（FCS）测试。“台风”战斗机上有8个独立的系统需要液压系统支持。机上有两套冗余的液压系统来维持这些系统的运行。（英国皇家空军供图）

燃油系统

台风的主油箱在机翼内，座舱后部还有一个结构整体油箱，机身中部还有两个中央油箱。飞机还可在3个外挂点上挂载3个副油箱（每侧翼下一个，机腹中线挂点一个）。主油箱的容量为4200升，每侧翼下还可以外挂副油箱，容量分别为1300升，机身中线外挂副油箱的容量为1000升。当机内满油，并且挂满3个副油箱（这种配置方案基本只用于非常远距离的飞行任务），“台风”不经过空中加油的航程约为870英里。

当飞机在空中机动飞行时，油箱内的燃油在重力作用下到处摇晃，在油路里到处窜，进而会对飞机稳定飞行造成明显的影响。为了抵消燃油的这些不必要的流动，油箱周围多处布设了压力传感器，探测到不同油箱的燃油液面高度差异，并发送信号给燃油控制系统。控制系统启动油路活门，控制燃油在油路中流动，使燃油在各油箱中分布均衡，以便飞机维持重心的稳定。

燃油系统活门和油泵是自动调节、监控和控制的，燃油的剩余情况可以实时在座舱仪表板上任意一块显示屏上显示出来。

液压系统

液压系统对任何飞机来讲都是极为重要的系统，是形成系统闭环的重要组成部分，而“台风”战斗机上有多达8套独立的系统需要液压系统来维持运行。这些用到液压的系统和部件包括飞行控制操纵面的作动筒，起落架、减速板及机轮刹车、前轮转向机构、进气口（进气口下部进气调节板）伺服机构、座舱盖开闭装置、可收放的空中加油受油管以及毛瑟BK27机炮。

液压失效是非常严重的故障，会导致飞行控制面无法动作，起落架无法收放。“台风”战斗机配备了两套完全冗余的液压系统，工作压力4000psi。每套液压系统都有多个隔离阀，一旦有一套液压系统失效，也不会导致操纵面失去液压动力。每套系统都由发动机的机匣提供液压泵动力。

飞机在飞行时，飞控系统（FCS）的计算机控制着各飞行控制面持续不断地进行微调，保持飞机稳定飞行。飞控系统为闭环体制，根据机上安装的4个大气数据传感器的气压读数来调整升降舵的舵效，使飞机能够完成高级复杂的战斗机动作。这些传感器与飞控系统的计算机通过数字接口直接交互。由于传感器扮演着安全关键角色，因此系统内建立了双重或三重冗余机制。

座舱内增压，以保持座舱内 16000 英尺高度以下的气压标准。座舱在这个气压下，无法提供足够的氧气让飞行员保持清醒的意识，因此每个飞行员都必须佩戴氧气面罩。而客机的客舱气压是保持在低于 8000 英尺以下高度的气压水平的，乘客的感觉和在地面区别不大。（英国皇家空军供图）

不同高度下的气压

普通人正常生存的最高海拔高度是6500英尺，超过这个高度后，人类的生理机能会受到严峻的考验，只有经过长期的适应和调整，才能习惯高原环境。

在7000英尺以下，空气中氧气的浓度几乎不变，大概维持在21%。然而，实际的空气密度，包括空气中氧分子的数量，会随着高度的升高而下降，因此，在海拔高度10000英尺以上，维持人类精神状态和意识警觉所需的氧气含量会明显减少。

在海拔18000英尺以上以及26000英尺以上，人类是无法长时间停留的，缺氧会导致血氧含量不足，产生缺氧症，难以维持生命。缺氧的症状取决于其严重程度和发病速度。在高原反应的情况下，缺氧是逐渐发展的，症状包括头痛、疲劳、气短、莫名欢愉和恶心。在严重缺氧或病症发展迅速的情况下，通常会有意识丧失、肺栓塞或脑栓塞，最终导致死亡。

右图：飞行员可通过氧气面罩下面的阀门调节通过加压供给的纯氧的含量。在转场飞行期间，飞行员可以暂时摘下氧气面罩，喝水和吃东西。（英国皇家空军供图）

电气系统

"台风"配有两套电气系统，一台主发电机和配电系统，还有备用系统，包含辅助动力单元（APU）。主发电机的动力由发动机涡轮叶片通过机匣提供，产生的电力通过卢卡斯伟力达（LucasVarity）/BAE 系统公司制造的配电和整流系统向整机用电设备输送。通过这种供电方式，可以提供多种电压和相位的交流电，同时还可以提供直流电输出。直流供电系统是完全冗余的，配有两套备用整流单元，以防两套主用单元双双失效。另外，电瓶也可在紧急情况下提供直流电输出，还可为 APU 供电。

在一台或者所有发动机均停车时，备用系统会将应急气动涡轮伸到机体外面，用这个"风力发电机"给机上必要设备供电。"台风"战斗机是作为高度自动化的平台设计的，设计师将一台 APU 纳入备用系统。在发动机启动之前，机上系统需要的交流和直流电都是 APU 提供的。发动机启动装置也是由 APU 驱动的。

空调和增压系统

机载增压、空调和供氧系统使飞行员可以在高空恶劣的环境中维持生存，并享受一个相对舒适的驾驶环境，并且可以自主控制座舱内的环境条件。

不论飞机的实际高度如何，座舱内经过增压，将舱内的气压维持在 16000 英尺的水平，但飞行员仍要佩戴氧气面罩，以防机体意外受损导致座舱内迅速失压致使飞行员因缺氧而丧失意识。在"台风"战斗机上，供氧系统包括通过快拆接头连接供氧活门，带有橡胶软管的软胶材质呼吸面罩以及连接供氧源头的供氧管路。在供氧源头和呼吸装置之间，有一个混合调节器用来调整氧气在空气中的浓度，飞行员可自行调节混合比，最高可将氧气浓度调高至 100%。

"台风"的制氧系统是建立在分子筛基础上的，由发动机引气系统完成空气供给。这套装置提供了全部所需的经过滤的空气，并可保证在当前可遇到的核生化（NBC）战场环境下持续作战。由于该系统需要使用发动机引气提供空气，因此在发动机开车之前，制氧系统需要由 APU 提供空气。

除了为飞行员提供呼吸所需的空气，以及为飞行员穿着的抗荷飞行服提供充气以外，"台风"的引气系统也为系统设备提供冷却和空调功能。例如 ECR-90、红外前视（FLIR）传感器以及空调抗荷飞行服都需要冷却。航电设备舱里的系统设备也需要空调控温，保持合适的运行环境。为了实现这个目标，液冷系统安置在"台风"的燃油中实现主要的散热功能。

飞行控制系统

不论单座战斗机的作战效能有多高，其终极的设计目标就是将飞行员从繁琐的飞行控制中解放出来。飞行员在常规飞行操作上投入的精力越少，就越能专注于利用座机的优势，与敌方作战。暂时忘掉操控飞机的细节，仔细观察，这实际上就是一个武器平台。

“台风”战斗机是鸭翼 / 三角翼布局，气动特性天然就是静不稳定的。飞机的不稳定性源自其纵轴的理论上的“压力点”（气动中心）的位置。这是根据飞机上的各个组成部分（机翼、鸭翼、机身等）对升力的贡献计算出来的。如果气动中心在机身纵轴重心的前面，那飞机的气动特性就是不稳定的，如果没有计算机的辅助，人是不可能控制住飞机的。

在亚音速状态下，“台风”战斗机的气动中心在重心之前，所以此时飞机拥有静不稳定的气动特性。这就是为什么要配备一套极其复杂的飞行控制系统的原因——因为计算机的反应速度远远高于人类飞行员。 当飞机进入超音速状态后，气动中心后移到重心后面，飞机的气动特性变为静稳定。静不稳定设计比传统的静稳定布局拥有更好的敏捷性，尤其在亚音速区间内，除此之外，还能减小阻力，增加总体升力［同时可以提高短距起降（STOL）能力］。

“台风”战斗机为了获得极致的敏捷性，被设计成在飞行期间，即使没有任何操纵面动作，机头都会产生快速上仰的气动特性，这就必须要有一套飞行控制系统，不断调整飞机姿态，维持飞机正常飞行。这个功能是通过电传操纵（FBW）的飞行控制系统（FCS）来实现的。

有了这套系统，飞行员的“两杆一舵”和飞机的任何操纵面都不再有直接的机械连接。取而代之的是油门、操纵杆或方向舵脚蹬的动作输入给飞控系统，系统转译成指令发送给对应控制面，对飞行员的操控意图做出正确响应。当飞控系统失效时，是没有手动备份的，因此系统必须非常强劲并具备极端的可靠性。

飞行控制系统是一种全权控制、4 余度电传操纵系统，可使“台风”战斗机的飞行员进行机动飞行时实现“无忧操控”。系统的设计目标是让飞行员集中精力执行战术任务，操控飞机时可保持“抬头”状态，不必低头看仪表，是否超出安全限制，同时还整合了“手不离杆”（HOTAS）操作设计，操控飞机的同时不影响作战相关设备的使用。应急安全功能也整合进了操控系统中，包括低速自动补偿恢复，大过载应急条件下的操纵接管，自动过载限制，航向感知恢复能力（DORC）和自动姿态恢复。

意大利空军的“台风”战斗机正在进行单机特技表演，翼下外侧挂架挂载了使用“响尾蛇”导弹的弹体改装的拉烟弹，飞行员在大过载转弯时打开了加力，以维持速度。飞控系统可保证飞行员“无忧操控”，飞机也不会超出性能极限而导致事故。（英国皇家空军供图）

ROYAL
AIR FORCE

照片中进行飞行表演的飞机来自第 29（R）中队。飞机的飞行包线特性是在飞行控制系统中预编程的，以防止飞行员的操控突破飞机的应力 / 应变极限。（英国皇家空军供图）

该系统由 4 台飞行控制计算机管理，具备主用和备用作动控制功能，确保所有轴向（俯仰、滚转和偏航）的控制。飞机的气动布局会自动配平调整，达到飞行性能和机动性之间的最佳平衡。

飞行控制面由机上两套独立的液压系统进行驱动，这两套液压系统由发动机驱动的机匣输出的 4000psi 的工作压提供动力。俯仰控制由鸭翼和机翼上升降襟翼两侧同步运动来实现，滚转控制主要通过机翼后缘的襟副翼的左右差动来实现。偏航控制由垂直尾翼后缘的方向舵来完成。各作动系统的交叉反馈和联合动作也能提升飞机的飞行性能和操纵品质。前缘缝翼和襟副翼会在所有迎角下自动改变机翼的弯度，取得最佳性能。

"台风"战斗机的飞行控制系统带来的一个优势就是飞机的飞行包线特性可直接在系统中进行编程控制，以防飞行员的操控突破飞机的应力 / 应变极限，例如爬升或转弯时拉杆过猛。欧洲战斗机公司将这种能力称为"无忧操纵"，飞行员在飞行期间无须不断注意自己的飞行动作。类似地，飞行控制系统还可以通过编程来对外界影响因素进行补偿修正，例如阵风等突发强气流，这些外部影响因素会导致飞机突

飞机的配平调整

在传统飞机上，配平调整片位于大的飞行控制面的后缘，用于控制面动作的配平调整。调整片的作用是抵消气流施加在操纵面上的气动作用力，使飞机稳定在一个特定姿态上，这样，飞行员就不必不停地用力握杆或蹬舵了。这个配平功能是通过调整大型控制面上的调整片角度来实现的。

当控制面偏转到所需位置时，调整片可以减少操控者维持该角度时所需施加的控制力，如果使用得当的话，甚至可以不需要施加控制力。所有的飞机都要有这样一套系统，在纵轴方向上保证配平，除了调整片还有其他配平方法——在很多超音速飞机上，在飞行过程中可以调配不同位置油箱的油量，通过改变飞机重心实现纵向配平，从而从根本上避免了气动面偏转带增加的空气阻力。

在"台风"战斗机上，所有的配平功能都是由飞控系统自动实现和调整的，显著减少了飞行员在持续机动飞行时的工作量，尤其在爬升或降低高度期间。飞行员可以把注意力投入其他重要任务中，

然失控。

“台风”战斗机的飞控系统全时感知飞行参数，例如速度、高度、外挂配置、飞机质量和平衡，这些因素都决定了结构和气动限制。在战斗中，飞控系统的两大明显优势就体现出来了，飞行员为了获取飞机的极限性能需要拉出尽可能高的过载或者迎角，并且还要保证不会超出飞机本身的限制。此外，飞行员在战斗过程中还要不断监控飞行仪表的参数，并根据参数做出不断的调整，使飞机达到最佳性能。英国皇家空军的飞行员驾驶“台风”战斗机时，可快速让飞机飞出最佳性能，例如飞行员将操纵杆拉到底，飞控系统会在安全界限内进行响应，在不突破任何限制的前提下飞出最优性能。第二个优势就是飞行员不必操心飞机的操控限制，将注意力 100% 投入作战中，而不必监控飞机的飞行参数。

自动驾驶仪

“台风”战斗机的自动驾驶仪设计目的是在巡航和一些战术状态下将飞行员从操纵飞机中解放出来。自动驾驶仪提供基本的航迹、航向、高度和空速模式，允许飞行员自动飞出最佳攻击任务剖面。自动驾驶仪是飞行员战术控制闭环的一个组成部分。

自动恢复系统

如果飞行员失去飞行姿态的感知，“台风”战斗机的飞控系统允许飞行员简单按下一个按钮，迅速自动恢复飞机的姿态。当启用自动恢复功能时，飞控系统会全权接管发动机和飞行控制，自动平飞，并以 300 节的速度缓慢爬升，直到飞行员做好准备，重新接管飞机的控制。

座舱内部

“台风”战斗机的座舱和飞机本身的设计一样先进。座舱内空间相对宽敞，具备 360° 度水平方向的视野。仪表板为“全玻璃化”设计，没有任何传统的机械仪表，哪怕是备用仪表。取代机械仪表的是 3 个全彩色多功能下视显示器（MHDD），具备宽视场并可投射前视红外（FLIR）影像的平视显示器（HUD），语音、油门和操纵杆一体控制（VTAS），多功能信息分配系统（MIDS），头盔显示符号系统（HMSS），位于左侧遮光板下的人工输入数据设备（MDEF），以及带

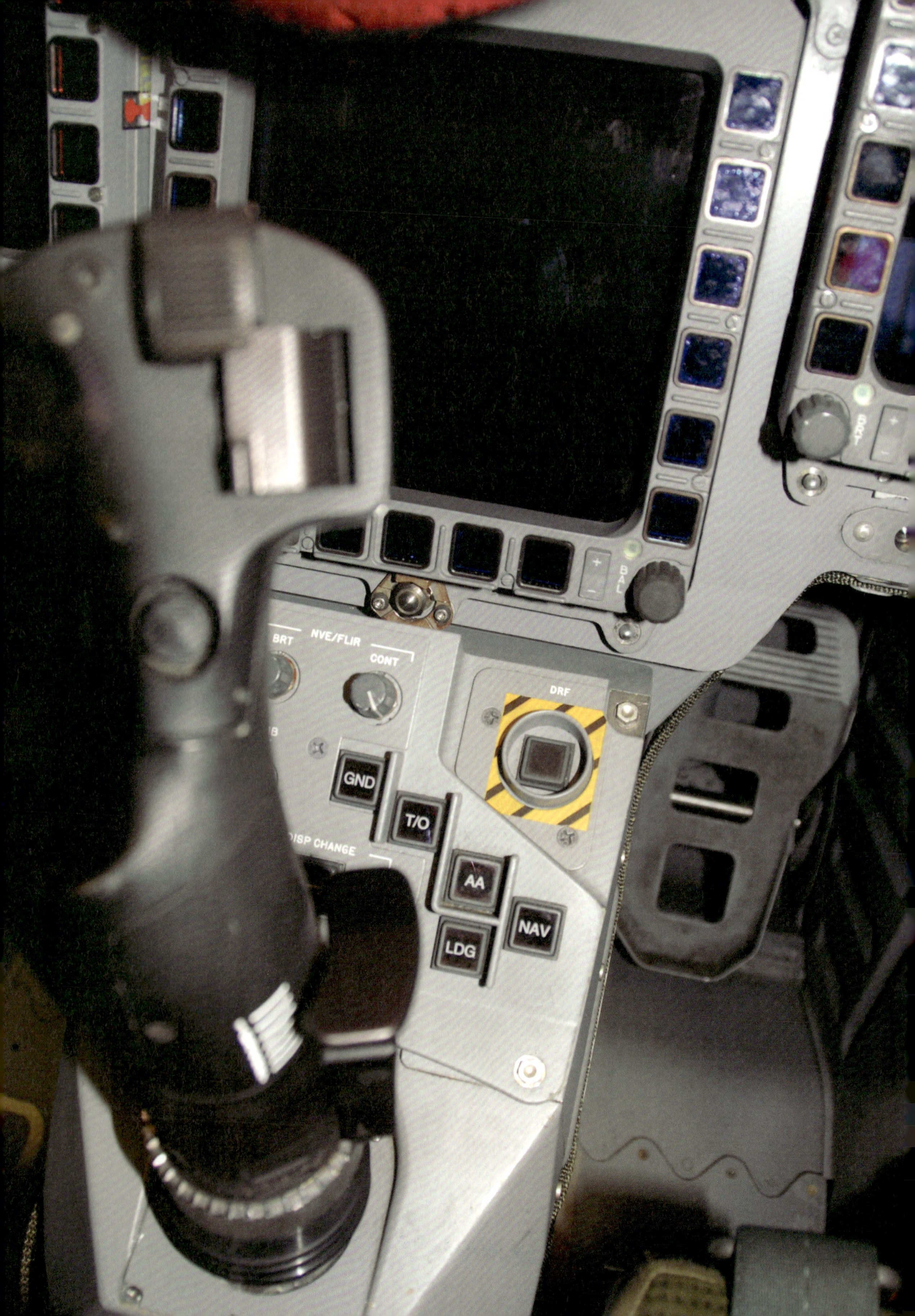
BRT
NVE/FLIR
CONT
DRF
GND
T/O
DISP CHANGE
AA
NAV
LDG

有专用告警面板（DWP）的完全整合的飞机告警系统。由 LED 提供光源的姿态恢复飞行仪表位于右侧带有铰链的遮光板下方。

单座机型的飞行员的需求要贯穿于座舱设计的整个过程。设计人员对飞行员在座舱内庞大的工作量进行了分析，确定每项细分工作的优先级，例如那些需要低头去看以及向外观察的动作。显示器及其显示模式都是经过精心设计的，只给飞行员展示必要的信息。

仪表信息在保证清晰的前提下做到字符最小，显示在 3 个高分辨率多功能下视显示器（MHDD）的屏幕上，飞行员可自行配置显示器上显示的内容，在特定时间只显示最重要的信息。头盔显示器（HMD）提供了飞行员在作战任务所有阶段所需的战术信息。座舱内的照明灯光兼容夜视仪并且有专门优化增强，在昼间，显示器的亮度也会根据环境自动调节。语音、油门和操纵杆一体化控制（VTAS）技术可以大大增强单座机在执行作战任务时的操控体验，提高工作效率。飞行员坐在复杂且贴身的马丁・贝克 Mk16a 弹射座椅中，使用他能接触到的所有控制装置和系统，驾驶飞机在空中作战。

攻击和识别系统的自动化程度也得到了提高，系统的数据来源于所有可用的传感器（包括机载的和通过数据链连接到的其他平台的传感器），大大减少了飞行员交叉检验数据的工作量。

对页图：姿态恢复按钮周围有明显的提示警告标记（黄黑相间），飞行员可以很容易地看到并按下这个按钮。一旦飞行员失去对姿态的感知，就可以按下这个按钮，飞机会回到机翼水平并缓慢爬升的飞行姿态。（本书作者供图）

平视显示器

“台风”战斗机装备的先进的宽视场（25° 至 35° ）平视显示器（HUD）是从第一架飞机首飞以来，座舱设备中的最为重大的改进项目。与所有类似系统一样，应用了一个带有倾斜角度的半反射屏幕，将显示内容直接投射到飞行员在座舱盖前部的视野内。

HUD 组件是无边框的，相应地，减小了前向视野的遮挡问题。

HUD 能全面显示飞行相关参数，从基本的数据开始，如高度、速度、航向和武器模式到特定目标的信息和系统数据等。导航系统可在 HUD 上投射地形跟踪标记，不同的武器模式可以在 HUD 上显示对应的标记符号。切换到自由落体弹药时，会显示连续计算的弹着点；切换到空空导弹时，会显示一个菱形的锁定标记。

HUD 的正下方是一组 24 行 10 列的 LED 显示器，可输出多种不同任务和系统的关键数据。其他显示组件显示当前数据，例如选定的无线电频率、左右两台发动机的油门状态等数据。HUD 还具备座舱音视频记录的功能。

“台风”FGR.4 战斗机的座舱。（英国皇家空军供图）

这是在一架“台风”T3战斗机后座的视角，提供给飞行员的宽阔视野使其他机型的飞行员非常羡慕。“台风”的座舱和整机同样先进并引领技术前沿。座舱仪表板采用了“全玻璃化”设计，不再有传统的机械仪表。飞行员依靠3块全彩多功能显示器获取参数信息。（英国皇家空军供图）

CLM
ATK

CLM
ATK
HDG
TRK
ALT
MIDS
NAV
AIDS
NIS
INT
XPDR
XMT
RAD1
RAD2
DAS
MISC
EGXE
1820KG

左图：“台风”战斗机的宽视场、无边框平视显示器可以为飞行员提供所有飞行相关的信息，飞行员不必低头看显示屏就可以保持态势感知。（英国皇家空军供图）

多功能下视显示器

仪表板上的3台多功能下视显示器（MHDD）可为飞行员提供大量信息情报，例如全局战术态、攻击形式、武器信息、雷达和地图显示、空中管制程序、系统状态和检查列表等。所有可用显示模式都可在3台下视显示器中的任意一台上显示，详细信息可以通过显示器边框上的多功能软按键、操纵杆上的X/Y光标指点杆或通过直接语音输入（DVI）来选择控制。

显示器通过四分绿色像素系统显示全彩色图像（包含全动态视频）以及“台风”战斗机的前视红外（FLIR）系统输出的高分辨率单色图像。飞行员通常会给每个显示器预先进行显示设置，然后“台风”战斗机的系统会自动匹配适合当前任务或状态的设置。

BAE系统公司“打击者”飞行头盔和头盔显示系统

“打击者”飞行头盔配有头盔显示系统（HMD），是世界上最复杂的航电系统设备之一，可在头盔的护目镜上投射飞行相关数据和武器瞄准信息。就像飞机的平视显示器一样，头盔显示系统为飞行员提供飞行数据参数，飞行员不必低头观察座舱内部的仪表指示。在佩戴HMD的情况下，飞行员不论向哪里看，都能保持“抬头显示”的优势，而不像仅有HUD时，只能向前看才能看到显示内容。

这样的豪华配置，意味着“台风”战斗机的飞行员只需要朝目标方向看去，就可以引导导弹截获目标，并将其锁定。飞行员可以在任何角度上保持与目标的目视接触，哪怕是在极端的角度，例如令对方匪夷所思的“越肩开火攻击”，使飞行员具备“眼见即开火”的能力。

键盘录入系统和起落架收放手柄。（本书作者供图）

座舱左侧可见起落架收放手柄、摄像头和座椅供氧接头。（本书作者供图）

飞行姿态恢复仪表，旁边的铰接式遮光板已掀开。（本书作者供图）

上图：座舱右侧可见弹射座椅应急手柄。（本书作者供图）

"手不离杆"操作（HOTAS）

座舱中体现集成和自动化水平的关键是直接语音输入（DVI）和"手不离杆"操作系统（HOTAS）的结合。二者整合后，被称为语音、油门和操纵杆一体化控制（VTAS）。

HOTAS 控制是通过油门杆和操纵杆上的 24 个可编程按钮（每杆 12 个按钮）实现的，飞行员在激烈对抗时可以相对轻松地执行复杂的任务。这些按钮可预先编程，用来实现进攻和防御的各项功能的操作。这些操作包括防御辅助子系统（DASS）、武器系统各种模式的切换，目标处理以及恢复水平飞行。此外，操纵杆上还有一个方向苦力帽，可以在每个多功能显示器（MHDD）上移动光标。

传感器融合

"台风"战斗机的航电设备和传感器组件是机上最有价值的机载设备，使飞行员在高威胁环境下具备高任务效率和生存能力的优势。

"传感器融合"是对机载传感器接收和传输的信息进行综合处理的术语。这些信息以整齐的格式清晰并准确地传输给飞行员，以便单座战斗机的飞行员在任务频繁切换的作战环境下安全有效地执行操作。各子系统之间的高度集成和数据共享可使飞行员自主快速评估总体战术态势，并对已识别的威胁快速做出有效反应。

对页图：左侧方向舵脚蹬。（本书作者供图）

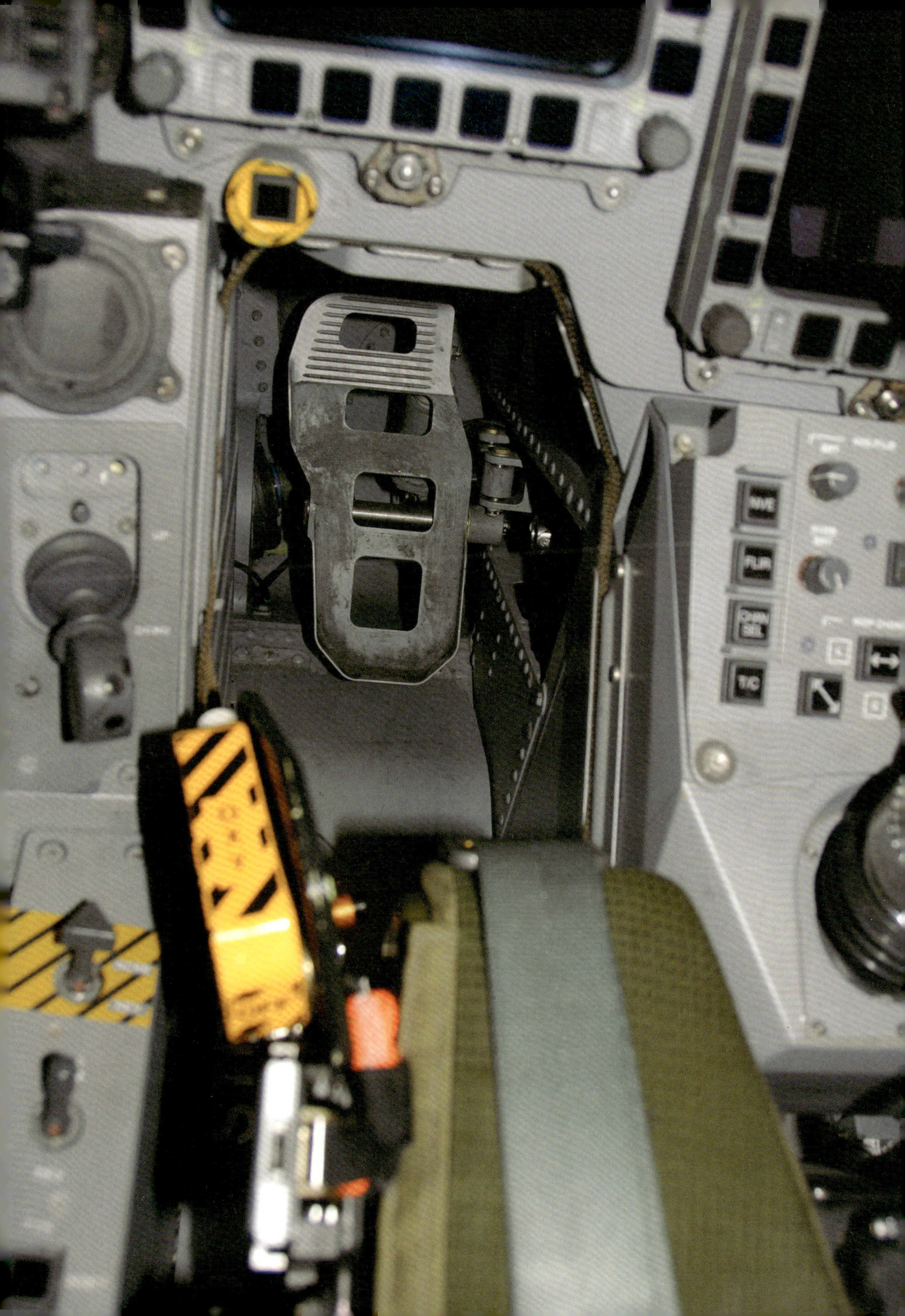
FLIR
CHAN SEL
T/C

宽视场无边框平视显示器。（本书作者供图）

“台风”FGR.4双座战斗机的后舱看到的情景，包含眼前的HUD。（英国皇家空军供图）

3台多功能下视显示器可以让每个飞行员对其进行任意配置，显示飞行员最关心的信息，从实时移动的地图到武器状态和油路状态。（本书作者供图）

NL
CON
DEP
RAD 2
LOW HT
TAC
MIDS NET
A
B
CONT
NIS
INT
XPDR

BAE系统公司制造的“打击者”飞行头盔，飞行员只需扭头去看敌机，就可以使“台风”战斗机的传感器和武器锁定敌机。（英国皇家空军供图）

带有可编程按钮的操纵杆。(本书作者供图)

带有可编程控制按钮的油门杆。（本书作者供图）

THROTTLE
FRIC
HIGH
EMGY
GEAR
TANKS
RSET
NORM
DOWN
TAXI
MAX RH
MIN RH
MAX DRY
IDLE
HP
SHUT
OFF
REV
FCS

对页图：从机头方向可以看到风挡左前方安装的 PIRATE 传感器。（英国皇家空军供图）

雷达

“捕手”机械扫描雷达是同类型雷达中性能最好的。这种多模式脉冲—多普勒雷达是北约第一种 3 处理通道机载雷达，性能远优于传统的双通道雷达。第 3 个通道用于电子干扰用途，该雷达具备空对空及空对面探测功能。

红外探测器

“捕手”雷达系统是主动运行机制的系统，运行时向外界发射电磁波，探测空中物体反射过来的回波，对目标进行定位。当雷达工作时，其发射的高功率电磁波会被敌机的雷达告警接收机（RWR）探测到。为了避免被对方探测到，设计人员想到了另一种办法，就是在飞机上配置被动探测系统。被动机载红外跟踪系统（PIRATE）是第二代红外成像（IIR）系统，可在与雷达频段互补的频带下进行被动探测。在红外搜索跟踪（IRST）模式下，该系统可对空中目标进行被动探测和跟踪，可实现完全隐蔽的跟踪。该系统通过安装在风挡左侧的高灵敏度的红外传感器接收外界的红外特征信号。被动机载红外跟踪系统还支持前视红外模式下的对地打击作战，被动探测目标时，可为飞行员提供所需的地面和目标的红外图像。该系统可探测喷气发动机喷流的红外特征，还可探测到飞机表面与空气摩擦生热产生的红外特征。红外传感器可长时间超强致冷，即使很小的温差也能在很远的距离外被其探测到。被动红外系统可提供高分辨率的目标影像，可直接输出到座舱内的多功能下显上面，也能叠加投射到 HUD 和头盔显示器上。

多功能情报分发系统

多功能情报分发系统（MIDS）是一种高容量的数字信息分发系统，可使各用户安全保密、无惧干扰地共享实时数据，用户包括战术空军的全部作战单位，以及需要协同作战的地面和海上作战单位。通过这套指挥控制系统，“台风”战斗机的飞行员可以听到、看到所有来自各个方向和范围的关于敌我双方的兵力、机场、指挥决策和任务变更的数据信息。“台风”战斗机有能力获取全部这类信息，并利用传感器融合能力进行处理，为飞行员提供一幅清晰并且相关度极高的战场态势图。

系统在多功能下视显示器上呈现了一幅全面的战场环境图像，大大减少了飞行员分别从不同来源获取信息，并综合整理的工作量。系统还能确保飞行员察觉到雷达和红外跟踪探测器（IRST）覆盖范围之外的敌方威胁和友机的存在。

光电目标指示系统

应用了最前沿的光电（EO）传感器技术后，机载目标探测、识别和鉴定系统的性能得到大幅提高，增强了机载系统的自主运行能力。这项功能由机载激光跟踪设备填补空缺，实现自主标定目标或由第三方力量完成目标标记作业。

导航系统

“台风”战斗机配有先进的自动驾驶仪，具备姿态保持能力，可有效减轻飞行员的工作负担。

导航感知是通过全球定位系统（GPS）实现的，惯性导航系统（INS）作为备份。尽管 GPS 已经是事实上的标准系统，但惯导系统依

下图：左侧翼尖上安装的 DASS 吊舱。（本书作者供图）

然是有史以来最好用的航空导航系统。惯导系统在阿波罗登月的过程中经受了严酷的考验，是一种独立、精确、可靠的全球范围的导航系统，系统的核心是三重陀螺仪和测量最小加速度的电子装置。根据加速度的读数、距离和时间计算当前的速度。惯导系统通过飞行仪表显示读数，并且也为自动驾驶仪提供导航数据输入。

着陆辅助功能由仪表着陆系统（ILS）、微波着陆系统（MLS）以及差分全球卫星导航系统（DGNSS）实现。“台风”战斗机的导航系统具备电子对抗（ECM）能力。

“禁卫军”防御辅助子系统

“台风”战斗机配备了复杂的、高度集成化的“禁卫军”防御辅助子系统，可自动监控并应对所有来自空中和地面的威胁。该系统可对威胁进行全方位的优先级评估，可同时应对多个威胁。探测威胁的方式包括一部雷达告警接收机（RWR）和一台激光告警接收机（LWR）。

下图：右侧翼尖上安装的 DASS 吊舱及后部集成的拖曳雷达诱饵。（本书作者供图）

上图：翼下安装的箔条投放器。（本书作者供图）

防御方式包括箔条和红外诱饵弹布撒器、电子对抗手段（ECM）和能在超音速状态下使用的拖曳雷达诱饵（TRD）。

“禁卫军”系统具备360°球面探测和防御能力，堪称目前最先进的自卫系统之一。该系统监控并响应外部环境，并由许多探测威胁的系统组成，包括雷达告警接收机。雷达是现代喷气战斗机最基本的传感器之一，但其在使用时也会给载机带来危险，因为雷达是一种在主动模式下工作的系统，对外辐射电磁波。“台风”战斗机的RWR用来探测这些电磁辐射，不仅告诉飞行员雷达波来自哪个方向，而且还能给出雷达大致的类型和搭载雷达的平台型号。

任何战斗机飞行员的作战目标都是在敌方开火前将其干掉。很显然，这只是天真的幻想罢了，所以，考虑到作战环境和场景，“禁卫军”系统集成了3个天线，用于触发导弹迫近告警（MAW），座舱左右两侧各一个，位于翼根处，第3个位于机身后部，机尾附近。该系统与“台风”的红外诱饵弹发射器相连，可在第一时间对任何威胁做出反应，极大提高了其有效性。

大多数飞机都装备了激光测距装置用于精确测定距离，还有激光指示装置对激光制导武器进行引导。“禁卫军”系统为了应对这些威胁，配备了激光告警接收机，可探测激光照射并确定其来源。

“禁卫军”系统除了有一套传感器专门用于探测对载机的威胁以外，还包含一系列反制措施，可在有需要时自动介入（飞行员也可通过 VTAS 操控系统人工启用）。

干扰箔条依然是战斗机的基本防御反制手段之一。“台风”战斗机的箔条布撒器安装在翼下外侧挂架的内侧位置，这样就不会占用翼下挂架的空间。箔条抛射系统可由“禁卫军”系统自动控制，或者由飞行员人工控制。

热焰弹（红外诱饵弹）是对抗红外制导武器而发展出来的一种简单粗暴但行之有效的反制手段，现在依然有前途。和干扰箔条一样，“台风”战斗机上的“禁卫军”系统也包含红外诱饵弹发射器，安装在内侧机翼整流罩内。红外诱饵弹有多种发射方式，飞行员手动抛射，DASS 系统自动发射，以及在受到紧急威胁时，由导弹迫近告警装置（MAW）触发抛射。发射模式是自动控制的，以最大限度降低来袭导弹辨别出诱饵和目标而攻击载机的风险。

此外，电子对抗措施（ECM）也整合到“禁卫军”系统当中，可以快速识别并朝威胁到自己的敌方电磁波的来源发出同频干扰电波。电子对抗的目的是欺骗敌方的雷达，使其误以为飞机在别的地方，或者完全将其压制，使其变成“瞎子”。无论系统感知到何种威胁，ECM 都会自动启用最合适的机载设备或抛射式反制措施，同时在座舱内的多功能下视显示器上以图形方式显示给飞行员威胁及对抗的信息。飞行员可以选择做出机动规避或者在某些情况下，人工越权操作。射频干扰机可以对所有类型雷达进行干扰和欺骗，例如连续波（CW）、单脉冲以及脉冲多普勒（PD）雷达。根据战术场景需要，电子对抗的形式可以通过防御辅助计算机（DAC）进行切换。

拖曳式雷达诱饵（TRD）是“禁卫军”系统的“锦囊”中的一部分，由一条包含光纤链路和独立配电线路的凯夫拉线缆连接诱饵和吊舱本体。使用时，TRD 随线缆拖曳在飞机身后，能产生比飞机大得多的雷达反射截面积，可诱使来袭雷达制导导弹奔向诱饵，来保证载机的安全。TRD 还整合了最新的干扰技术。TRD 通过线缆可与 DASS 进行通信，从威胁信息库中获得对应的欺骗手段，对敌方的雷达和雷达制导导弹进行反制。

系统的物理和存储空间、算力都可进行扩展，可针对未来威胁的发展不断升级，增强“欧洲战斗机”“台风”的生存能力，并显著提高整体任务的作战效能。“台风”战斗机在设计上采取诸多措施，并辅以 DASS 系统，最大限度减小了飞机的雷达和红外信号特征。

XI SQUADRON
CRICKERS

“台风”战斗机飞行员亚当·克里克莫尔中尉（Flt Lt Adam Crickmore）坐在座舱内的弹射座椅上。（本书作者供图）

弹射逃生系统

机组逃生和生命支持系统

英国皇家空军“台风”战斗机的飞行员通常情况下通过外挂或者飞机自带的登机梯进出座舱。自带登机梯是为了不依赖地面支持而设计的，安装在机身左侧的座舱下方，登机梯可伸缩收放，除登机梯外，还设有脚踏板和扶手，便于飞行员登机下机。

紧急离机就得靠马丁·贝克 Mk16a 弹射座椅了。没有哪个飞行员愿意经历弹射——弹射是万不得已的情况下才会选择的离机方式，通常伴随着飞机的损失，而飞行员的身体也要承受难以想象的压力。回顾一下相对最近一次弹射记录的细节，可以很好地理解系统的工作过程。

2003 年 6 月 11 日，星期三，这是英国皇家海军“海鹞”战斗机飞行员罗伯特·施瓦布中校［Lieutenant Commander（Lt Cdr）Robert Schwab］内心中永远铭记的一天。当天他在德文郡海岸上空进行例行飞行训练，飞行高度 28000 英尺，他的“海鹞”FA2 战斗机突然失控并陷入尾旋。他的座机在损失高度，下降到 18000 英尺时，飞机依然处于尾旋状态，施瓦布果断将手放到座椅两腿中间位置，并拉动了那里的弹射拉环，他身下的马丁·贝克 Mk10h 弹射座椅随即启动了弹射。

当战斗机飞行员决定弹射并拉动手柄时，都有一个几乎察觉不到的延迟——时间仿佛变慢了，紧张的意识使大脑一片空白。而实际上，触发弹射后 0.2 秒内，自动机构将飞行员的胳膊和腿收束起来，牢牢固定在弹射座椅上。拉动手柄 0.4 秒后，弹道压缩空气发生器将飞行员连同座椅一起沿滑轨推出，向上弹离飞机座舱。座椅离机后，火箭发动机点火，朝着尾翼上方的轨迹飞行，并在不到 0.4 秒的时间内，将座椅连同飞行员加速到 100 英里 / 小时以上。

虽然没有战斗机飞行员会怀疑弹射装置的有效性，但很少有人乐意亲自体验弹射的过程。然而，施瓦布对弹射跳伞有一个总体的印象——这次是他第二次弹射跳伞，第一次弹射是在 1984 年，他驾驶着“鹰”式教练机在地面滑行，突然起落架折断，他随即从失控状态的飞机中弹射跳伞。

在“海鹞”战斗机的事故中，拉动手柄后仅 1.5 秒，施瓦布就被从座椅上拉出并展开的降落伞猛地提拉了一下。之后，他只有几分钟的时间去回想刚刚发生了什么，之后他就从 10000 英尺的高度向海面

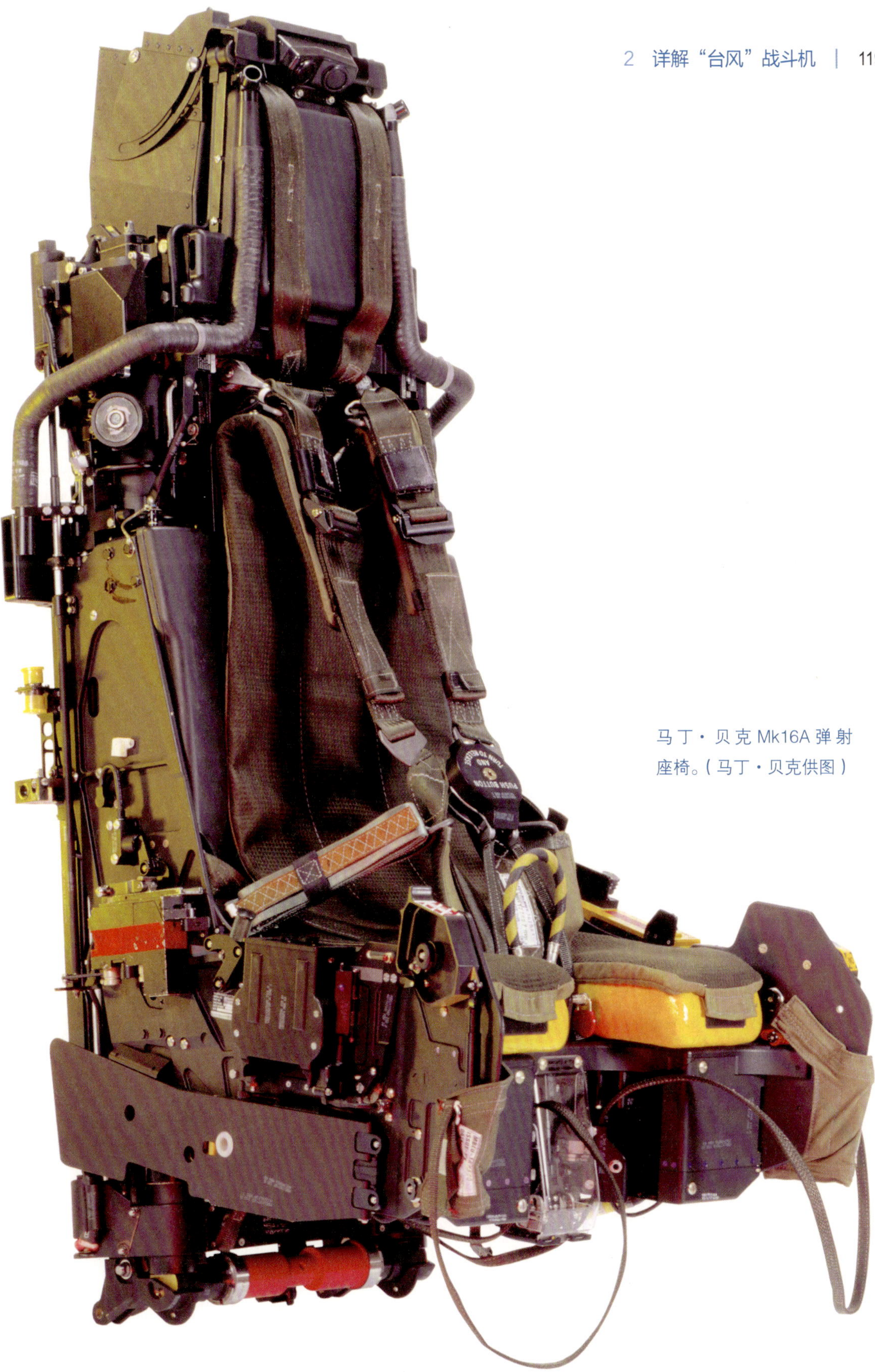

马丁·贝克 Mk16A 弹射座椅。（马丁·贝克供图）

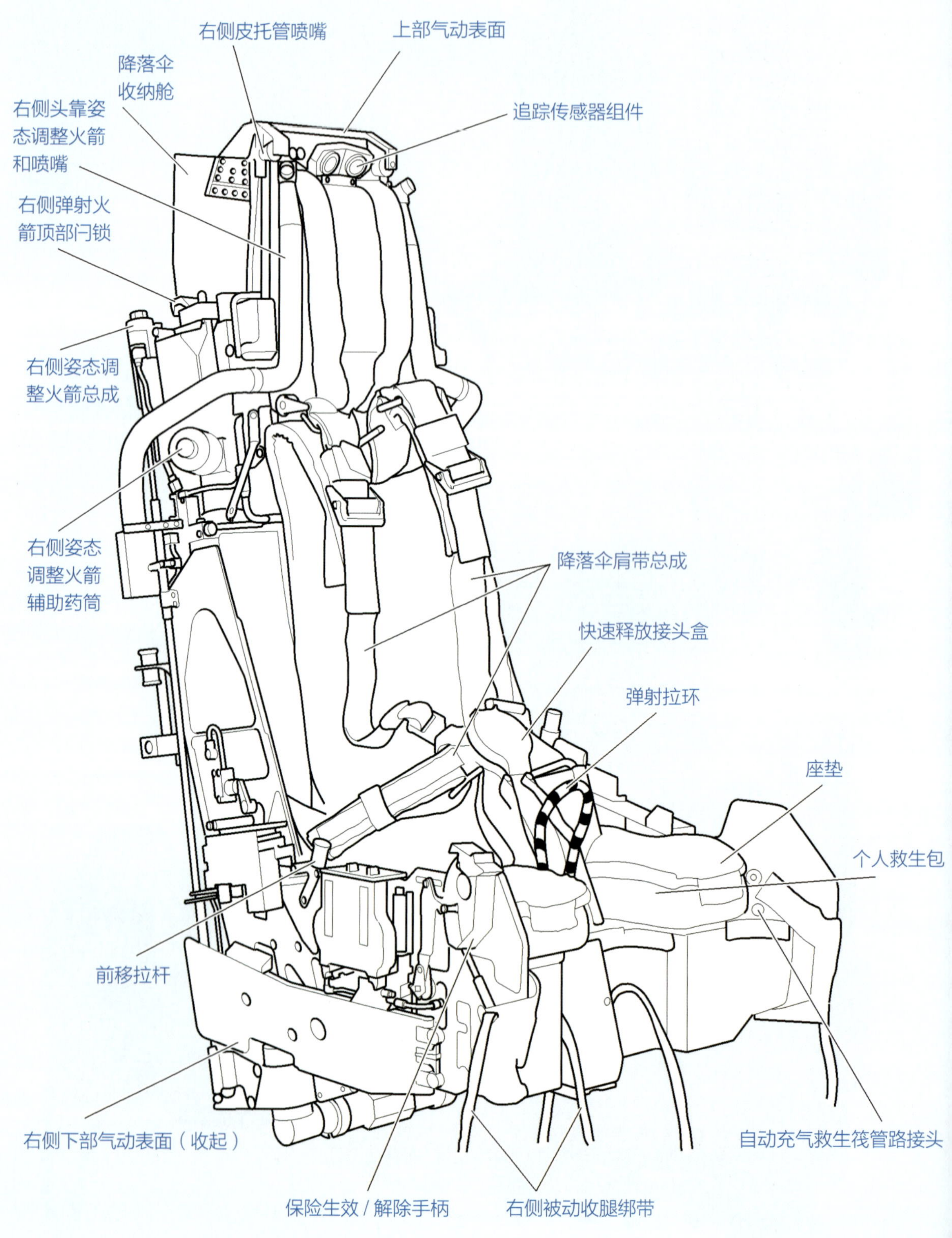
右侧皮托管喷嘴
上部气动表面
降落伞
收纳舱
右侧头靠姿
态调整火箭
和喷嘴
追踪传感器组件
右侧弹射火
箭顶部闩锁
右侧姿态调
整火箭总成
右侧姿态
调整火箭
辅助药筒
降落伞肩带总成
快速释放接头盒
弹射拉环
座垫
个人救生包
前移拉杆
右侧下部气动表面（收起）
自动充气救生筏管路接头
保险生效 / 解除手柄
右侧被动收腿绑带

飘落，最后落到几分钟前“海鹞”坠海的地方附近，当他落水时，他背包中的救生筏自动充气，他爬到救生筏中等待救援，不一会儿，这位 45 岁的飞行员被安全救起。几天后，他返回工作岗位，但他的航医建议他在 90 天内不要再次在弹射座椅上弹射，以免对身体造成进一步损害。

尽管施瓦布正在调整自己的精神状态，从相对温暖和稳当的座舱环境中被丢入充满噪声和速度的漩涡，也就是高速气流中，但此刻，成为弹射座椅制造商马丁·贝克公司历史上重要的一个里程碑——随着施瓦布中尉被弹出飞机，他成为弹射座椅发明 60 年来第 7000 个成功弹射的飞行员！截至 2012 年 8 月，这个数字已攀升到 7400。当然，无论采用什么标准来衡量，一切都是相对的，这不是一个小数字。当每个新增的数字都代表一个生命时，就变得极富意义了！

截至 2012 年，“台风”战斗机上的马丁·贝克 Mk16a 弹射座椅是同类产品中最先进、最复杂的座椅。和“台风”战斗机一样，弹射座椅也由轻质合金和碳纤维复合材料等先进材料制造而成，与之前的弹射座椅相比，该座椅具备很多优势。简化的组合式安全带去掉了繁琐的辅助安全带，被动腿部约束系统避免了飞行员起飞前套上腿部束带的繁琐操作。而且，该座椅采用了第二代电子定序装置。

可靠性和可维护性是关键的设计指标，飞行员坐在座椅上，可以接触并使用座舱内的所有设备和开关，并能享有高水平的舒适体验，座椅整合了飞行员与飞机之间所有必需的电气、液 / 气接头和管路，集成了机载主氧气供应、通信链路、抗荷压力供应、核生化（NBC）防护和通信系统，以及头盔搭载系统的接口。较窄的头靠减少了对视界的遮挡，给了“台风”战斗机的飞行员出色的全方位视野。当弹射顺序过程启动后，所有的这些连接都自动切断并将接头密封。弹射出舱后，座椅可为飞行员提供 30 分钟的应急氧气供应（正常飞行期间，主氧气供应失效或座舱内氧气供应恢复时，该装置也会自动启用和关闭）。此外，座椅自带辅助压力供应功能，可给飞行服加压，确保飞行员在高空有着相对舒适的生存环境。

就启动弹射所需的步骤数量而言，飞行员在 Mk16a 弹射座椅上的工作量比其他弹射座椅都要小，飞行员要做的动作仅仅是拉动弹射拉环。其余动作，从抛掉座舱盖到降落伞完全打开，所有过程都是自动控制和计算机调节的。在大多数弹射系统中，弹射火箭（将座椅拉出飞机的装置）由填充的爆炸物组成，当炸药被引燃后瞬间爆燃，将座椅高速（并附带高过载）带离飞机。然而，Mk16 弹射座椅采用固体火箭推进剂，弹射期间的加速更加线性，降低了施加在飞行员身体上的

对页图：马丁·贝克 Mk16A 弹射座椅详细说明图。（马丁·贝克供图）

MBT 142 045

高 g 载荷。该系统还允许自动适应不同飞行员的体重和重量分布，以“台风”战斗机的弹射座椅的简化型号 Mk16I 为例，可以安全地弹射体重从 47 千克到 111 千克范围内的飞行员。

一旦弹出飞机（从飞行员拉动弹射拉环开始计算，这个过程大概需要 0.46 秒），火箭发动机启动过程就开始了。火箭本身的设计快速燃烧周期为 0.25 秒，同时产生 20 千牛的瞬时推力。火箭总成的预设轨迹和姿态是在弹离飞机后，将座椅滚转到一侧，便于降落伞安全顺利打开，这个效果是通过加大安装在座椅底部的两个喷嘴其中一个来实现的。在双座型“台风”战斗机上，每个座位都预设成向相反的方向滚转，确保两名机组人员的弹射轨迹没有交叉，保证安全。一旦座椅弹离座舱，一台火箭发动机便会点火，将座椅推离飞机，座椅的气动表面就会展开，保持座椅姿态稳定。此时，座椅上应用的先进技术就得到应用了，空速测量装置展开，空速、高度和座椅本身的加速度一起输入数字微处理器，随后计算机就会在几毫秒内解算出飞行员开伞的最佳动作时序。

飞机以海平面 600 节的速度飞行时，飞行员拉动弹射拉环 1.8 秒内，降落伞会打开。在低空低速条件下弹射，飞行员的降落伞会在拉动弹射拉环的 0.27 秒内展开。

对页图：马丁・贝克 Mk16A 弹射座椅底部细节。（本书作者供图）

在潮湿的天气中，一架“台风”战斗机在英国皇家空军康宁斯比空军基地上空打开了最大加力。（本书作者供图）

3 “台风”强劲的心脏

欧洲喷气 EJ200 发动机

“台风”战斗机上的两台欧洲喷气 EJ200 涡轮风扇发动机可在“松刹车”后的 90 秒内让飞机爬升到 40000 英尺的高度。在加力全开的情况下，发动机产生的推力在同级别中是无与伦比的，达到了惊人的 40000 磅。在不使用加力的情况下，两台发动机仍可产生 28000 磅的推力，足以推动“台风”战斗机进入超音速飞行状态。

在我们去了解“台风”战斗机的发动机之前，我们先回顾一下基础知识。所有的喷气发动机的工作原理都遵循着埃萨克·牛顿爵士的牛顿第3定律：物体的任何运动，都存在一个大小相等方向相反的反作用力。用最简单的话来讲，这个定律可以通过释放一个充满气的气球来演示。当空气从气球里逸出时，从气嘴相反的方向推动气球运动。一台喷气发动机也会产生相同的效果。

空气从喷气发动机前端的进气口被吸入并被压缩，然后压入燃烧室。燃油喷入燃烧室，与空气混合，随后油气混合物被点燃，燃烧室内的燃气迅速膨胀，从燃烧室后端向后高速排出，在所有方向上施加相等的力，并在向后喷出时为发动机提供向前的推力。当燃气离开发动机时，会通过一个涡轮（类似一组风扇叶片），并带动涡轮轴旋转，涡轮轴又带动压气机，使其可以从进气口吸入新鲜空气，形成循环。燃气通过加力燃烧室（或称“后燃器”），额外的燃料喷入其中，再度燃烧，可进一步增加发动机的推力。这就是发动机原理。

“台风”战斗机的两台欧洲喷气EJ200发动机的巨大推力是无与伦比的。可使飞机从“松刹车”开始，在90秒内就爬升到40000英尺的高度。在使用加力的情况下，两台发动机共可产生40000磅的推力。不使用加力时，仍可产生28000磅的推力，足以将“台风”战斗机带入超音速。一旦速度达到马赫数1，“台风”战斗机即使不开加力，也能保持超音速飞行，即所谓的“超音速巡航”。在海平面高度打开加力，“台风”战斗机可以在30秒内从200节的空速加速到马赫数1。EJ200发动机能够在所谓的“战时应急模式”下，在现有基础上再增加15%的军用推力，总计可达31050磅，加力推力再增加5%，达到42526磅。但是，这是以牺牲发动机的寿命为代价的。

起飞时，发动机全功率运行，并开到最大加力，这意味着，“台风”战斗机以这种状态爬升时，根本不是通常意义的飞行，至少不符合空气动力学的基本规则。三角翼在飞机拉起的瞬间提供升力，但在此之后，飞行员只需向后拉操纵杆，飞机垂直爬升，此时，机翼产生的升力就没那么重要了。从本质上来讲，“台风”战斗机已经变成了一枚火箭，依靠自身的动力冲向高空。

两台 EJ200 发动机的充沛动力，可以使“台风”战斗机的最高速度达到马赫数 2.0。这意味着飞机只需要在跑道上滑跑 2000 英尺的距离就可以达到起飞速度，从“松刹车”到离地只需要 8 秒。推力强大的发动机可以让飞行员机动飞行时保持足够的动力，使飞行员可以做出 +9g 和 –3g 过载的剧烈机动，如果有必要，可以爬升到 60000 英尺的高空；在航空领域，速度就是生命，高度就是生命的保障。

概述

欧洲涡轮喷气动力有限公司［欧洲喷气（EUROJET）］是负责 EJ200 发动机系统工程管理的公司。该公司的出资方包括罗尔斯·罗伊斯（英国）、Avio（意大利）、ITP（西班牙）和 MTU 航空发动机（德国）。该公司的业务包括管理 EJ200 发动机的研发、技术支持和出口，总部设在德国哈尔伯格莫斯（Hallbergmoos，慕尼黑机场附近）。

EJ200 发动机的研制始于 1982 年，以罗尔斯·罗伊斯 /MoD XG–40 先进军用发动机核心机或 ACME 验证发动机为项目代号。该项目持续到 1995 年，利用先进材料和新制造工艺研发出新的风扇、压气机、燃烧室、涡轮（包括高温寿命预测）和调节系统。第一台完整的发动机在 1986 年 12 月开始台架试验，最后一台 XG–40 验证发动机在 4000 个循环中累计运行了约 200 小时，然后该项目在 1995 年 6 月结束。

欧洲喷气发动机联合体在 1986 年成立后，继续进行 XG–40 项目的研究，成为新发动机项目的基础。新发动机的需求是比以前的发动机拥有更大的推力、更长的寿命和更低的复杂性。最终研发出的发动机，尺寸与“狂风”战斗机的 RB199 发动机相似，但零件数量减少了将近一半（1800 个，RB199 发动机的零件数量为 2845 个），推力增加了近 50%。

EJ200 发动机在研发的时候就考虑了可维护性。设计团队采用的理念就是尽可能长时间地保持发动机的“在用”状态，来确保发动机的可操作性。前一代发动机项目的经验表明，当发动机从飞机上拆下时，会产生相当高的成本。这样的成本基于让飞机持续运行而要提供可用的备用发动机的需求，也包括被拆下的发动机在维修和大修期间发生难以避免的费用范围变化。为了最大限度地延长 EJ200 发动机的在用时间，有意识地确保延长零部件的寿命，提高可靠性水平，并通

“台风”战斗机从“松刹车”开始，至爬升到 40000 英尺高度，90 秒内就可以完成。（英国皇家空军供图）

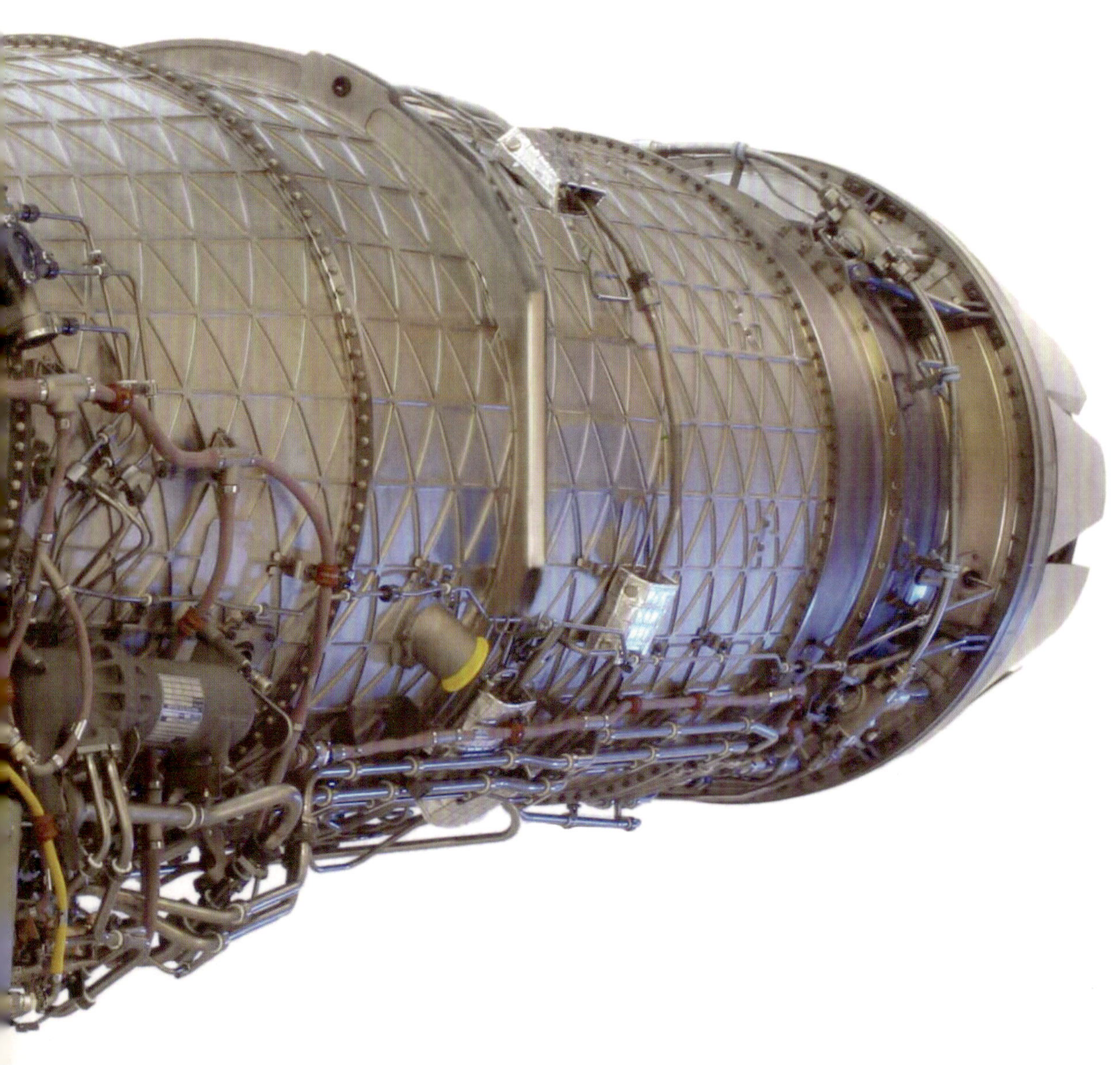

“台风”战斗机的欧洲喷气 EJ200 发动机设计寿命为 6000 飞行小时，大约相当于 30 年的使用时间。（“欧洲喷气”供图）

对页图：制造中的 EJ200 发动机。（“欧洲喷气”供图）

过“智能发动机健康监测系统”（EHM）为发动机管理提供“无预期之外”的监测手段。

EJ200 发动机的热燃气通道部件（HGPP）是精心设计和制造的，可确保极长的使用寿命。HGPP 的设计寿命周期与其他发动机组件是同步的，这意味着在发动机全寿命周期内，发动机拆卸的次数减到了最少。

另一项优势，EJ200 Mk101 发动机遵循“视情况”维护原则。这意味着一旦发动机达到了一个阶段的工作时数，就不能通过简单的更换部件来完成维修保养了。取而代之的是，当发动机的工况被认为是不可放行的，或 EHM 系统计算出剩余寿命和超过极限二者有一个或都达到时，总成件整体就受到监控和进行更换。

EHM 系统的一个优势是该系统被设计成一套“端到端”的系统，完全整合在“台风”战斗机的机体内。这使得经过验证的数据从发动机上畅通无阻地发送给运行中心。当飞机停在停机坪上时，机务人员也可以通过维护数据面板（MDP）查看 EHM 的状态数据。

通过对发动机数据的智能解析，EHM 系统能够监控每台发动机在地面和飞行过程中的工作性能参数。这为英国皇家空军的机务工程师们提供了宝贵的部件寿命消耗的实时记录，以及对发动机未来的功能和机械性能的预测。在每次飞行结束时，能否方便地获得每台发动机的这一级别的数据是非常关键的，尤其是在做执行决策的时候，例如是否要将一台发动机装到飞机上或者拆下来进行维护。

EJ200 发动机应用的先进技术，使其大幅超越竞争对手，用简单的架构实现了高推重比。发动机采用了模块化的双转子涡轮风扇设计。整体叶盘重量轻，风扇叶片为宽弦，气动效率高，并且具备高水平的抗外来异物损伤（FOD）的能力。风扇采用先进空气动力学设计，无须进气口导流片即可达到最佳运行状态。

3 级低压压气机和 5 级高压压气机均由单极先进气冷涡轮驱动，该涡轮应用了最新的单晶叶片技术，涡轮前温度比上一代发动机高 300 摄氏度。在进气系统中广泛应用发动机刷式密封，而不是篦齿式密封方式。装有空气喷射燃料喷射装置的环形燃烧室可使燃油充分燃烧，极大地减少发动机的烟雾排放。加力系统装有径向热流燃烧器，通过独立的冷流进行燃烧，发动机尾端装有液压作动的收敛 / 扩散尾喷管。

发动机的所有附件，包括数字式发动机控制和检测单元（DECMU）都是作为独立部件安装在发动机上的。机匣驱动发动机的附件。发动机设计寿命为 6000 飞行小时，折合大约 30 年的运行时间。

一台 EJ200 发动机正在英国皇家空军康宁斯比维修中心进行维护。英国皇家空军使用的欧洲喷气 EJ200 发动机是在罗尔斯·罗伊斯公司在布里斯托尔的工厂中完成总装的。（“欧洲战斗机”项目成员乔夫·李供图）

OD

一名英国皇家空军技术军士正在康宁斯比维修中心检查一台 EJ200 发动机的进气口。（“欧洲战斗机”项目成员乔夫・李供图）

EJ200 发动机的第一级低压压气机叶片。（“欧洲喷气”供图）

对页图：一名英国皇家空军技术军士正在康宁斯比维修中心给一台 EJ200 发动机做例行维护。为保护低压压气机叶片和发动机内部不受损坏，在发动机停用状态，进气口要盖上红色的盖板。(“欧洲战斗机”项目成员乔夫・李供图)

低压（LP）压气机

低压压气机是一套 3 级叶片的轴流机构，耐外来异物（FOD）冲击，具备非常高的压缩比（4.2:1）。压气机叶片采用整体叶盘设计，使用先进的线性摩擦焊接技术连接，叶片为宽弦翼型，运行时无须进气口导流片整流。

高压（HP）压气机

轴流式高压压气机由五级叶片组成，提供 6.2:1 的压力增量（EJ200 压气机系统仅用 8 级叶片就可提供 26:1 的总压增量），喘振裕度高，并且只有一组可变进气导流片。

燃烧系统

环形燃烧室设计非常紧凑，采用了最新技术，在排放物（零可见烟雾）、燃烧稳定性/可控性、效率和寿命方面满足了极其苛刻的要求。其特性包括先进的空气喷射燃油喷嘴，具备优先供油、薄膜冷却和隔热涂层，以及全内窥镜检查通道。

高压（HP）涡轮

高压涡轮为单极叶片，使用 3D 无罩设计，单晶镍合金叶盘，采用先进的内部和薄膜冷却技术，确保长寿命、低叶片数和高性能。采用叶片尖端间隙控制技术，以保持高效率。通过光学高温计测量涡轮叶片温度，高温计与 DECMU 连接，为其提供温度数据输入。衬垫和叶片使用等离子喷涂防热涂层。

低压（LP）涡轮

低压涡轮是单极带罩设计，具备高效率和性能保持特性。涡轮转子采用单晶冷却涡轮叶片，静态部件，例如导流片附带防热涂层。与高压涡轮一样，相对于前代产品的设计，有着阶段性的技术进步。

加力系统

先进的分级加力燃烧室系统，在热流中有径向燃烧器和主蒸发器，在冷流中有燃油喷射装置，使整个系统在运行范围内有很高的燃烧效率。3 个燃烧器的供油系统是独立的，在最小加力和最大加力之间可以连续平滑地调节。这种设计实现了平稳切换、低烟和最大爆发推力，同时将不稳定性降到了最低。

TOP
EJ 200
VENTS TO BE CLOSED WHEN
ENGINE IS EXPOSED

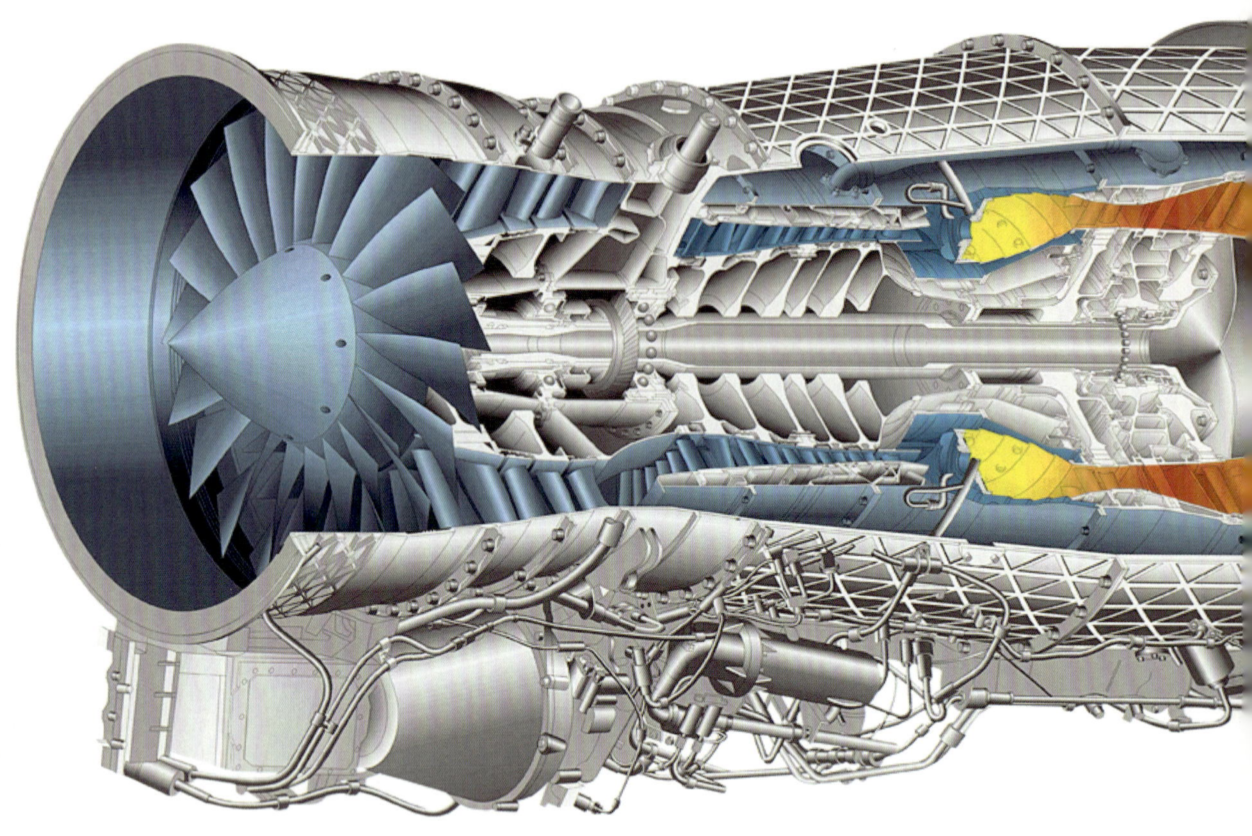

机匣和滑油系统

EJ200发动机的外部机匣采用环绕式设计，位于发动机底部，便于机务在地面进行检修和维护。机匣是一个适应各种飞行姿态的，完全独立的滑油系统，具备滑油碎屑自动监控功能。滑油箱装在机匣的左前方，带有一个旋转篮筐，旋转篮筐可产生人造重力，确保向滑油泵供油，即使飞机在最极端的机动飞行中也能保证滑油油路正常。

刷式密封

发动机全面采用刷式密封技术，在减少渗漏、降低重量、减少向滑油的热传递以及提高可耐受性方面具有明显优势。

数字发动机控制和监控单元

发动机上安装的数字发动机控制和监控单元（DECMU）是一种与飞机飞行控制系统交联的双通道可容错系统。持续监控发动机的机能状态，并随时进行精准、灵敏和安全的控制。发动机健康监控系统

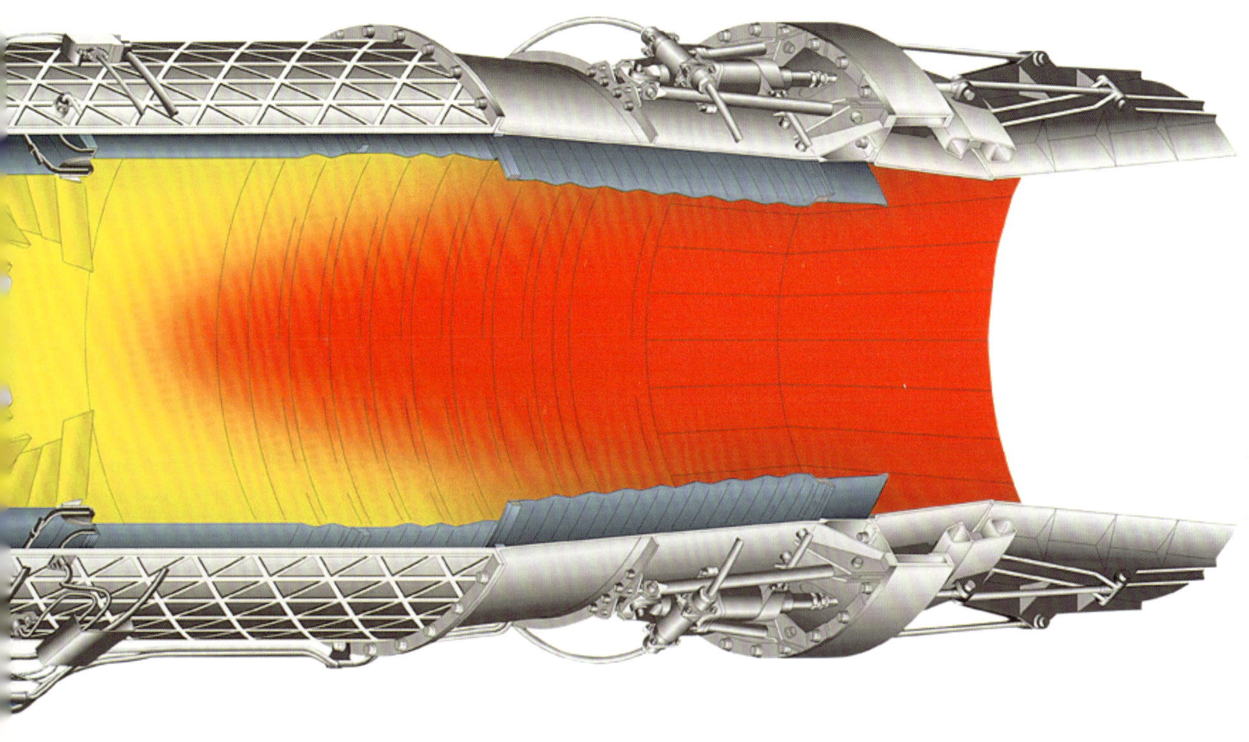

上图：EJ200 发动机彩色剖视图。（“欧洲喷气”供图）

可监控多项指标，包含单个组件的使用寿命、持续振动情况和滑油碎屑含量，最终生成事件报告。有了这项技术的加持，整个发动机就可面向视情况维护和低全生命周期成本的目标进行设计。

可变截面尾喷管

EJ200 发动机装有一个收敛 / 扩散可变截面尾喷管，为多用途、亚音速和超音速性能做出了多项优化。喷口的截面大小由 DECMU 控制，并在整个干推力和湿推力运行范围内不断进行调整和调节。

内在增长潜力

EJ200 发动机在设计时就保留了高达 15% 的内建增推潜力。压气机系统的性能提升和核心机技术的创新可以将推力提高 30%。这种性能的提升可能会在保持当前推力水平的前提下，带来全寿命周期成本的改善。这种灵活的特性是靠先进的 DECMU 实现的，充分利用了符合运行需求的增强型发动机的挖潜优势。

最大加力状态。（英国皇家空军供图）

可变截面尾喷管的“鳞片”的收放由 DECMU 控制。（本书作者供图）

一名飞行员正在检查发动机尾喷管“鳞片”，这是航前绕机检查工作的一部分。（“欧洲战斗机”项目成员乔夫·李供图）

一架满挂的“台风”战斗机正在进行飞行测试。飞机只有在长距离转场飞行时才会外挂3个副油箱，并且正常情况下不会给飞机的挂架挂满武器弹药。（“欧洲战斗机”供图）

LICENSED TO KILL

4 猎杀执照

任务简介和配套武器

“台风”战斗机优异的多用途 / 快速任务切换能力意味着其能够在单次出击中涵盖多种不同的作战任务。该机可同时外挂空战武器和对地打击武器，使其能在飞行中快速转换角色——从夺取空中优势到空中遮断，再到近距空中支援——成为一种高效能的可切换不同任务的武器系统。

在瞬息万变的现代战争中，战斗机一种能力的优先级始终是最高的，那就是夺取空中优势。在战场环境中建立空中优势的速度和确定性决定了其他作战任务是否能快速并安全地完成。

下图：一架“台风”FGR4战斗机在机库中摆拍，进行外挂武器展示。（英国皇家空军供图）

作为世界上最先进的多用途战斗机，“欧洲战斗机”“台风”是英国皇家空军夺取空中优势并有效对抗所有当前和不断演变的威胁的最佳选择。空战爆发后，作战类型可以分为以下两类：超视距作战（BVR）和近距格斗（CIC）。

在超视距作战中，取得胜利的关键在于抢得3个先机：先敌发现、先敌开火、先敌摧毁。为了实现这个目标，战斗机就得拥有飞行员所需的所有能力，才能在对手面前获得优势。

“台风”战斗机的典型超视距作战场景如下：对70英里以外的目标进行主动识别，使用“捕手”雷达和数据链系统自动评估和确定威胁的优先等级。飞行员利用“台风”战斗机的两台EJ200发动机明显过剩的推力将飞机加速到大约马赫数1.8，以快速接近目标，并可使导弹在发射时获得最大的初速，导弹离架后，带着最大的初始动能冲向目标。接下来，飞行员利用座机优异的超音速机动性，快速脱离威胁区域，或者在必要时再次发动攻击。DASS系统的反制能力和“台风”战斗机优异的机动性，可以有效化解甚至阻止敌方对自身发起有效的进攻。

对页图：这架第3中队（AC）的“台风”F2战斗机执行快速警戒任务（QRA）时的武器配置：4枚先进近距空空导弹（ASRAAM），4枚先进中距空空导弹（AMRAAM）和两个1000升副油箱。（英国皇家空军供图）

在近距格斗中，“台风”战斗机的机体和发动机性能与其自身具备的敏捷性完美结合。该机在亚音速状态下敏捷性极佳，在头盔瞄准系统（HMSS）的加持下，飞行员可做到目视即锁定和“越肩”开火，在电传飞控系统的支持下，飞行员可以“无忧操纵”，先进的VTAS和DVI操控技术配合专为近距格斗和离轴发射而研发的“先进近距空空导弹”（ASRAAM），可在格斗中如虎添翼，事半功倍。另外，先进的抗过载系统可以保证“台风”战斗机的飞行员在连续9g的高过载条件下保持清醒和运动能力。

任务配置

单一任务

子系统之间高水平的集成和信息共享赋予飞行员快速了解整体战术态势和高效应对威胁的能力。“台风”战斗机具备传感器融合的能力，结合空战和对地攻击武器的有效载荷，意味其可在飞行中迅速转换角色，成为目前可获得的最有效的可多任务切换的武器系统。

夺取空中优势

当今执行防空任务的战斗机必须具备极佳的敏捷性，以应对日益严苛的战场环境，并在亚音速段的超视距（BVR）空战和超音速阶段的近距格斗（CIC）空战中取得优势。

空中遮断

“台风”战斗机可以携带大量外挂载荷长距离飞行，不分昼夜，甚至可以在满挂空空导弹的情况下携带大量对地攻击武器。外挂武器包含非制导的“笨弹”（铁炸弹）和在射程、效能和保证载机生存能力方面更加具备优势的精确制导武器。

近距空中支援

“台风”战斗机非常适合执行近距空中支援任务，该机留空时间非常长，外挂武器种类丰富，可根据任务类型灵活弹性配置。在保留全部空战能力的同时，还可配置大量对地攻击武器系统，包括“铺路”IV空对地精确制导弹药等。该机复杂且精密的传感器组件可以让飞机和地面部队指挥官协同行动，对具体的地面目标进行准确识别。该机的高机动性和丰富的外挂武器可以使该机在战场上空游刃有余。

DJ

这架第 11 中队的“台风”战斗机在美国参加“绿旗”演习，挂载了增强型“铺路”II 激光制导炸弹，“利特宁”III 目标指示吊舱和一部仪表数据跟踪吊舱。(“欧洲战斗机”项目成员乔夫·李供图)

武器

“台风”战斗机共有 13 个外挂点，可挂载武器弹药和副油箱，每侧机翼上有 4 个，机身上有 5 个，外挂总重量超过 7500 千克。外挂武器 / 油箱的配置取决于作战需求，随任务变化而调整。举个例子，在执行近距空中支援任务时，外挂以对地攻击弹药和副油箱为主；在执行空中截击任务时，外挂弹药就以空空导弹为主了。英国皇家空军有大量武器可供选择，包括：

“利特宁”（Litening）III 目标指示吊舱

“利特宁”III（UK）目标指示吊舱，由奥特拉电子（Ultra Electronics）公司制造，是一种能使“台风”战斗机在昼间、夜间以及复杂气象条件下的对地攻击和空战任务中使用一系列防区外打击武器（激光制导炸弹、通用炸弹以及 GPS 制导弹药等），并占据明显技术优势的精确目标指示吊舱。

“利特宁”III 吊舱由奥特拉电子公司与以色列拉斐尔公司联合研制，在拉斐尔公司原有产品上改进而来的。该吊舱在飞机外部挂载，包含一部高分辨率的前视红外（FLIR）传感器，可为飞行员提供目标的红外图像。吊舱中还有一部 CCD 相机，用于拍摄可见光频段的目标图像。

吊舱配备了一套激光照射装置，可以让“台风”载机准确地引导其投射的激光制导弹药，以及为航电系统提供激光测距，例如导航路径更新、武器弹药投射和目标更新等。“利特宁”吊舱也包含一套目标自动跟踪装置，在战术弹药投射机动包线（高度、空速和坡度）范围内进行全自动、稳定的目标跟踪。这些功能特性简化了目标探测和识别的操作，可使精确制导武器在一次投射中命中目标。

内置机炮

“台风”战斗机装备了一门 BK–27 航炮，安装在机身右侧机翼前方位置，可发射 27 毫米高爆炮弹。该炮的一大优点是几乎从第一发炮弹出膛时，机炮的射速就能达到每分钟 1700 发。这是一种重要的机载固定武器，尤其是在向快速移动的目标开火的时候。机炮的瞄准设备与外挂武器一样，都是平视显示器。当飞行员将武器选择切换到机炮时，HUD 上就会出现机炮瞄准图标，图标拖带出实时移动的蛇形热线，代表火控系统预测的机炮弹道及弹着点。机炮系统还包含自动开火模式，当火控系统锁定的目标通过瞄准光环时，机炮就自动打出一个长点射。

空战武器

先进近距空空导弹

AIM–132 先进近距空空导弹（ASRAAM）是一种高速、高机动性红外制导空空导弹，作为一种“发射后不管”武器来设计的，能够有效攻击穿云躲避以及使用复杂红外对抗措施的目标。虽然 ASRAAM 主要用于视距内（WVR）作战，但其较远的射程及灵敏的红外导引头也能用于超视距（BVR）空战。

先进中距空空导弹

在典型的超视距（BVR）交战中，先进中距空空导弹（AMRAAM）在与目标 20 至 30 海里的距离上发射，然后依靠自身的惯性导航系统朝目标方向飞行，当导弹通过数据链收到发射飞机的引导指令，更新目标的位置时，导弹修正弹道，如此循环，直到抵达目标区域。导弹进入攻击终段，或者终极阶段，导弹自身的单脉冲雷达截获目标，并自行引导。导弹装备了雷达近炸引信，目标进入杀伤范围后，引信引爆带有大量破片的高爆战斗部，将目标摧毁。在近距格斗模式下，导弹可以发射后即“离架激活”，即导弹的弹载雷达在发射后即开始探测目标。

“流星”远程空空导弹

“流星”空空导弹在 2016 年进入英国皇家空军服役。根据其制造商 MBDA 公司的说法，“流星”远程空空导弹的动力性能是目前同类导弹的 3 至 6 倍。“流星”导弹性能的关键就是其空气冲压喷气发动机，从导弹离架开始，飞行速度就达到了马赫数 4，直到命中目标，战斗部爆炸，都一直保持这样的高速。这种性能可以让该弹在射程内足以攻击并摧毁当前速度最快以及敏捷性最好的飞机。导弹的战斗部配备了碰炸和近炸引信，所以即使导弹没有直接撞击到目标，也能靠近炸引信将其摧毁。

ZJ917

这架第 17（R）中队的“台风”战斗机挂载了“流星”和 ASRAAM 导 弹。（BAE 系统公司供图）

FLT LT G STRATFORD

这架第 3（F）中队的“台风”战斗机在实弹发射训练中，在威尔士卡迪根湾阿伯波特山脉上空发射一枚 ASRAAM 导弹。（英国皇家空军供图）

对页图：一架“台风”战斗机在“埃拉米”行动期间投弹次数标记，每一枚炸弹图标代表投掷过一枚“铺路”激光制导炸弹。[尼克·罗宾森（Nick Robinson）供图]

对地攻击武器

“硫磺石”空地导弹

“硫磺石”空地导弹是一种先进的雷达制导武器，在美国陆军AGM-114F“地狱火”反坦克导弹的基础上研发而来。该弹由火箭发动机提供动力，可以搜索和摧毁地面目标。该导弹可在发射后锁定，用于攻击和摧毁装甲目标。导弹的姿态由尾翼控制面控制，直到导弹直接碰撞目标，引爆串联装药战斗部。最前端较小的战斗部先引爆反应装甲，后续装药用来穿透主装甲来摧毁目标。

“硫磺石”空对地导弹在2019年1月才整合到英国皇家空军的“台风”战斗机上。

“铺路”IV 激光制导炸弹

“铺路”IV是一种先进的高精度精确制导炸弹。该弹应用了最新的惯性制导和GPS制导技术，安装了一枚500磅的战斗部，使英国皇家空军具备了全天候24小时的精确对地打击能力，能够摧毁绝大部分常见目标。该弹药可由飞行员在座舱中编程，允许飞行员选择炸弹碰撞角度、攻击方向和引信模式，使炸弹以空爆、碰炸或碰撞后延迟引爆的模式攻击目标。引信能够在钻入目标或者部分钻入时引爆炸弹，炸弹还带有“延迟解除”的安全功能，不允许偏离目标的弹药进入作战状态，从而最大限度地减少附带损伤。“铺路”IV制导炸弹也可由在地面的前线空中管制员（FAC）使用目标的数据进行重新编程。

“风暴阴影”巡航导弹

“风暴阴影”巡航导弹可以说是世界上同类武器中最先进的。该弹装备了英国研发的威力强大的战斗部，用来攻击重要的加固目标和基础设施，如深入地下的层层加固防护的指挥中心。包含目标细节在内的任务数据在载机执行任务之前就已输入弹药的主计算机中。投射后，弹翼展开，导弹使用地形匹配和全球定位系统在低空导航到目标上空。最终接近目标时，导弹爬升，抛掉头罩，并使用先进的红外导引头将目标区域与存储的图像进行比对，当导弹向目标俯冲时，使用更高分辨率的图像重复这个过程，以确保最大的精度。“风暴阴影”巡航导弹在2018年为“台风”战斗机升级多用途作战能力改进期间，整合到“台风”战斗机上面。

英国皇家空军康宁斯比基地的机务人员正在往一架“台风”战斗机上挂装“铺路”II激光制导炸弹。（英国皇家空军供图）

“台风”战斗机的翼下挂点

“台风”战斗机飞行员尼克·格拉汉姆上尉（Lt Nick Graham）谈到飞机的翼下挂点，讲解了根据飞机的用户，每个挂点挂载的东西：翼尖是DASS吊舱，内含雷达干扰装置，是防御辅助子系统（DASS）的组成部分。往机身方向，下一个是多功能集成挂架（ITSPL），ASRAAM空空导弹一般挂在那里。那里也可以挂载RAID空战训练数据吊舱（使用“响尾蛇”教练弹的弹体改装的不能发射出去的机载数据报告系统）。再往里是多功能发射滑轨，可以再挂载一枚ASRAAM空空导弹或者在执行对地攻击任务时挂载一枚增强型“铺路”II（EPW II）1000磅激光制导炸弹。

目光继续朝机身方向移动，接下来是挂载1000升副油箱的挂架。通常前线飞行中队在飞行中挂载两个副油箱，而第29（R）中队的单次飞行时间要短得多，而且目的地固定，飞行学员们将练习OCU教学大纲中的特定机动动作或任务模块，所以只在机腹中线位置挂载一个副油箱。飞机只会在长距离转场时（被称为“摆渡飞行”）挂载3个副油箱，例如驾着座机去北美参加演习，或者参加“埃拉米”行动这样的海外部署时。副油箱显著增加了飞机的航程，减少了与空中加油机会合，进行空中加油的次数。

再往里面一个挂架，该挂架通常不挂任何外挂，除非在执行“埃拉米”行动这样的作战任务期间，通常这里会挂载EPW II激光制导炸弹。这些就是翼下挂载的东西，每侧翼下有4个外挂点，非常灵活高效，可以在这些挂点上混合挂载炸弹、导弹和副油箱。

在机腹两侧还有半埋式挂点可以挂载AMRAAM空空导弹，每侧两枚，前后各一。

右图：第17（R）中队的“台风”FGR4战斗机上挂载了增强型的“铺路”II激光制导炸弹、先进中距空空导弹、先进近距空空导弹和一个机腹中线副油箱。（英国皇家空军供图）

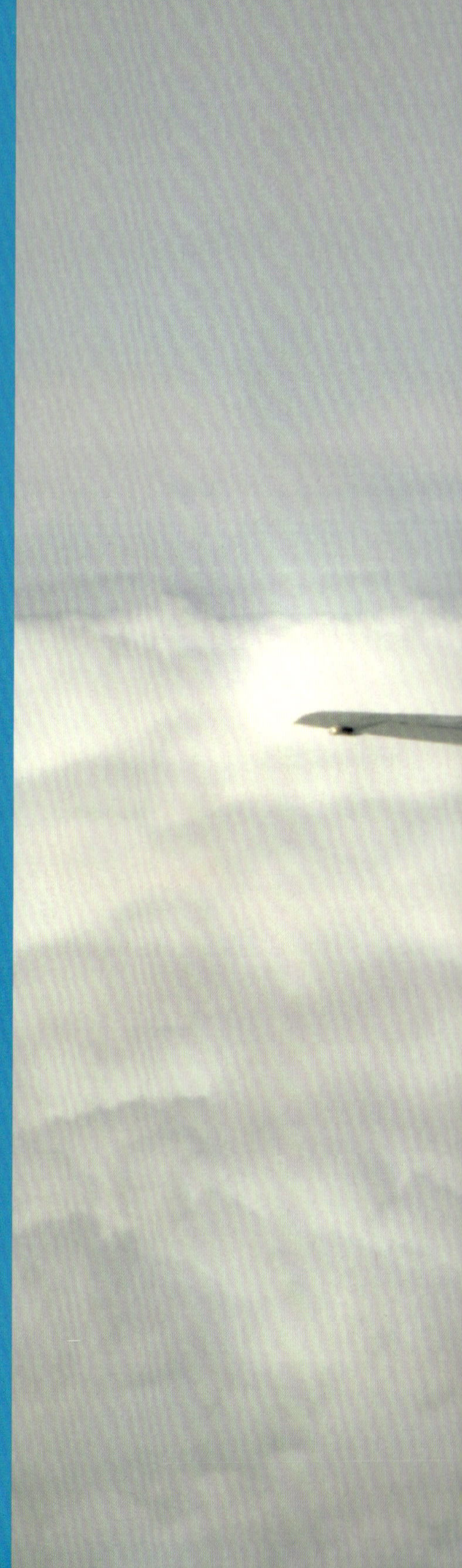

机身左前方挂载先进中距空空导弹的挂点。（本书作者供图）

利用“响尾蛇”空空导弹弹体改装而来的RAID（不可发射机载数据任务报告系统）吊舱，挂在空空导弹的滑轨上。（本书作者供图）

在一架第 11 中队的“台风”T3 战斗机的后座上拍摄的本机与“台风”FGR4 战斗机在英国乡村上空进行日常低空飞行训练的场景。（英国皇家空军供图）

5 飞行员眼中的"台风"

"在飞行员的眼里，这就是一架梦幻飞机——是最棒的！你可以拉出惊人的过载——可以在很宽的操作范围内一秒拉出 9g。飞机的推力大到超乎想象，让你的座机可以做出一些其他飞机做不出来的机动动作。"

——亚当·克里克莫尔上尉第 29 中队飞行员

“台风”这类单座多用途喷气战斗机在很多国家空军的机队中属于复杂程度最高但是装备需求最迫切的机种。复杂程度高主要原因是飞行员的工作量极大，需要扮演两种角色，不仅是驾驶飞机的飞行员，还是战斗员，将座机用作武器平台，去摧毁敌人的飞机或者地面目标。

第二次世界大战以后，随着喷气发动机的快速发展以及军用战斗轰炸机变得越来越复杂，座舱中的机组人员人数也增加到两人——飞行员和一名领航员 / 武器系统操作员。这样，飞行员就可以在前座专注于驾驶飞机，而后座的机组人员专注于操作雷达和有效的投射武器弹药。

成为“台风”战斗机的飞行员，有两条途径，一是新飞行员，也就是说，那些刚刚加入英国皇家空军并接受高速喷气式飞机飞行训练的飞行学员，仍以和之前“鹞”式战斗机飞行员相同的方式进行选拔，直接改装到“台风”战斗机。另一条途径是从现有“鹞”式战斗机或“狂风”F3 型截击机飞行员中选拔改装（两型飞机已分别于 2010 年 12 月和 2011 年 3 月退役）。

飞行员亚当·克里克莫尔上尉

亚当·克里克莫尔在大学毕业后，于 2006 年 2 月加入英国皇家空军。他是第一批“从零开始”的“台风”飞行员之一，是首个从飞行学员毕业，直接进入作战转换部队（OCU）改装到“台风”战斗机上的飞行员，时年 28 岁，中尉军衔。

“在英国皇家空军克兰韦尔学院（RAF Cranwell）完成 9 个月的理论学习之后，我直接到皇家空军丘奇芬顿（Church Fenton）基地驾驶‘教师’T1 教练机进行基础飞行训练，为期 6 个月，当完成训练时，已累积 60 个飞行小时。我非常希望早日参加高速喷气式飞机的训练，但下一步，必须按部就班地在皇家空军乌斯河畔林顿基地（Linton-on-Ouse）在‘巨嘴鸟’T1 涡桨教练机上进行上高速喷气飞机前的衔接训练，然后要去范堡罗的奎奈蒂克（QinetiQ）中心进行离心机训练。我还在皇家空军亨洛航空医学中心进行过一段时间的体检筛选，在那里体验模拟高海拔环境下低气压缺氧的感觉，可以更加深入地了解我们使用的飞行装具的工作过程和运行效果。

“在‘巨嘴鸟’教练机上完成高速喷气机操控基础训练之后，我就转至位于安格里希（Anglesey）的皇家空军峡谷，加入第208中队继续进行飞行训练，我要花28周的时间在‘鹰’T1高级教练机上进行高阶飞行训练。然后在第19中队进行为期16周的战术和武器训练。当我从这里毕业的时候，我就会知道我要改装到哪种战斗机上了，不是‘台风’就是‘狂风’。

“我非常幸运地被选派改装到‘台风’战斗机，毕竟名额太少了！我的大多数同学都被派去驾驶‘狂风’战斗机了。就飞行员这个角色来讲，我很愿意驾驶任何能飞的东西，从‘大力神’运输机到‘支奴干’直升机，或者‘狂风’式战斗机，但是如果能驾驶‘台风’战斗机，就像中了彩票大奖一样！执行防空截击任务是我梦寐以求的事情——我想加入我心目中的空军，而不是做空中支援，但随着‘台风’战斗机多用途能力的形成，我也开始什么都做了。实话实说，事实上，我得到的已经远超我的期望，因为我终于开上了‘台风’战斗机！

“完成在皇家空军峡谷学院（RAF Valley）的训练后，我被调派到皇家空军康宁斯比基地，开始进入第29（R）中队服役，该中队是‘台风’战斗机的作战转换单位（OCU）。在这里我可以学习驾驶‘台风’战斗机和战斗训练。当我从OCU毕业时，我被分配到装备‘台风’战斗机的一线中队。在中队中完成短期训练后，中队宣布我成为一名全训合格的飞行员，具备作战能力。这是一个漫长的过程，大约需要5年时间，需要在每个“台风”战斗机飞行员身上花费1230万英镑的培养成本，才能成为一名合格的战斗员。

“我在第29中队做了很多次模拟飞行。在我第一次坐进‘台风’战斗机升空前，已经累积了大约10小时的飞行数据。我驾驶的那架飞机是双座机，后座还坐着一个飞行员，充当‘安全飞行员’的角色，正常情况下不会参与飞机的操纵，所以，我实际上是‘形式上的单飞’。教学大纲中的其余部分是在模拟机上飞的，只在实机上零星飞一些必须实飞的科目。

“‘台风’战斗机是一种操控起来简单到令人惊讶的飞机，绝对的梦幻级。我知道每个人都在谈论‘台风’的推力，但这只是和‘狂风’战斗机相比。对我来说，从‘鹰’T1教练机转换到‘台风’，那感觉简直无法用语言来表达，没有什么跨越可以与这相提并论——我能想到的最接近的类比是，从一辆自行车换到一辆布加迪‘威龙’超级跑车上面。‘台风’的加力推力高达40000磅，这让其在高速喷气式飞机当中处于遥遥领先的位置。

NO STEP
7
3

亚当·克里克莫尔中尉是英国皇家空军“从零开始”驾驶“台风”战斗机的飞行员之一，他在教练机上完成飞行训练后，进入作战转换单位（OCU），执飞“台风”战斗机。（英国皇家空军供图）

“我曾经和包括 F-15 在内的许多其他型号的战斗机进行过模拟空战，但“台风”战斗机让一切都变得非常简单。显而易见的是，由于飞机是电传操纵和计算机控制，实际上手飞行极其简单。襟翼和前缘缝翼都是自动的，由于鸭翼 + 三角翼的布局的先天优势，我可以以非常低的速度飞行。配平完全由计算机控制，而配平动作是我在其他飞机上经常做的，但在‘台风’战斗机上，完全不用考虑这个。我只要设定好飞机的姿态，就可以随心所欲地控制油门，飞机的机头会一直指向我预想的方向。在任何一种武器平台上，我在操控飞机上投入的精力越少，就越不需要专注于操纵的动作，我就可以把更多的精力放在作战上了。

“与其说驾驶‘台风’战斗机时是飞行员，不如说是系统操作员，这就是‘台风’战斗机的整体设计思想。很显然，仍然要保留基础的操纵技能，如起飞、着陆和空中加油等。飞行控制系统、武器系统以及其他东西都面向作战来设计，这样就可以投入最多的时间去管理战场空间，并高效执行各项作战任务：防空截击、战斗空中巡逻和投射武器弹药。

“换句话说，从飞行员的角度看，这是梦寐以求的梦幻飞机——是最佳搭档。可以拉出惊人的过载——可以在很宽的操作范围内一秒钟内拉到 9g。飞机的推力极其充足，可以飞出其他飞机无法完成的机动动作。如果用尽全力向后拉杆，‘台风’的飞控计算机会接收这些输入，进行计算，然后在物理条件允许的情况下让飞机以最快的动作抬头拉起——但不会超过飞机的结构强度限制。

“面对‘狂风’或 F-15 这样的传统战斗机时，还可能遇到‘胶着状态’（当两架敌对的战斗机迎面相遇时，二者通常会以非常近的距离迎头对冲，互相掠过），双方飞行员就不得不控制操纵杆来降低机动的过载，这样就不会对座机的结构产生过度的压力。飞行员坐在‘台风’战斗机的座舱中，只要把操纵杆向后拉，而不必过多在意拉出的过载，因为飞控系统最多只会把飞机拉出 9g，飞行员使出吃奶的力气，也拉不出更大的过载了。随着速度逐渐变慢，过载也随之变小，此时就可以逐渐放松操纵杆，速度也就相应减慢了。从操纵者的角度来看，这种特性非常好！因为可以花时间来观察敌人在哪里，看看他在做什么，意味着可以尽一切所能进行空战，而不用担心会不会超过座机的结构限制。所以，这样就有能力专注于对手，并抢占开火先机，这是空战机动的全部要义——只有第一，没有第二，第二名没有任何奖励！”

Airlite 100

本页图与上页图：在“台风”战斗机作战转换单位的绝大部分飞行训练是在模拟机上完成的。加入 OCU 的新飞行员在首次驾机升空前，平均要在模拟机上飞满 10 小时。(英国皇家空军供图)

EH

2010 年 9 月 10 日，第 6 中队的欧洲战斗机“台风”首次降落在英国皇家空军卢查斯基地。(“欧洲战斗机”项目成员乔夫·李供图)

“台风”战斗机正在做大过载翻筋斗动作，此时发动机已开加力，前缘缝翼也已放出。在飞机处于飞行包线的这一部分时，鸭翼和前缘缝翼是升力的主要来源。(英国皇家空军供图)

1

2

3
4

5
6

7

8

188—192 页图：这组分步骤拍摄的照片展示了一个飞行员穿着飞行服或“成长袋”的过程：（1）穿着保温内衣；（2）穿着水下救生服；（3）除了在冬季期间弹射落海后可防止身体失温的救生服以外，他还要穿着全覆盖的抗荷裤、抗荷靴和飞行皮靴；（4）然后穿上“台风”战斗机专用的飞行夹克（胸部抗压服）戴上飞行手套（5）。佩戴标准飞行头盔，戴上带有麦克风的氧气面罩，准备登机飞行（6、7、8）；最后，有的任务要佩戴带有头盔显示器的 BAE“打击者”头盔（9）。

9

自然界的力量

过载是什么

任何技术进步都会受到链条中最薄弱环节的制约。在航空航天和国防技术领域，最薄弱的环节就是人体生理学，唯一的限制就是飞行员的身体。

“台风”的尖端军用喷气机能够在远超无防护人体所能承受范围的过载下保持安全飞行。这一切都是因为重力，简称 g。

在剧烈的机动中，每一次航向的改变，飞行员的身体都会受到相当于地球上正常重力（1g）数倍的离心力。描述什么是重力的最简单的方法就是重量。重量是一个非常抽象的概念，我们通常认为的重量数值是在地面上测得的，但是重量会随着所受重力的变化而变化，假设你处在 3g 的环境中，你的体重会增加到之前的 3 倍。这意味着，如果你在地面上的体重是 100 千克，当你受到 3 倍重力（3g）时，你的体重就是 300 千克。当代军用喷气机通常会让飞行员承受 7 到 9 倍的正常重力。

过载根据其性质，会对飞行员的身体产生不同的生理影响。正向加速度（正 g 过载）指向上方，向下的反作用力会使体内的器官和血液有向下移动的趋势，同时身体的重量与过载的 g 值等比增加。正过载会对心血管循环系统产生多种影响，包括“水池效应”，即血液流向腹部和腿部，并滞留在那里，使流向大脑和眼睛的血量减少。

这会引起血压过低，使大脑和眼睛缺氧。飞行员会首先感觉到所谓的“灰色模糊”——单色视觉（眼前的画面变为黑白，无法识别颜色）——接着是“隧道视觉”（视野受限），然后是“黑色模糊”（黑视，什么也看不到）。

在最极端的情况下，会导致过载诱发意识丧失或称“G-LOC”——就像一个终点一样，基本上会导致致命的后果。

过载产生，即加速度增加的速率，在飞行员对过载的耐受性中起着核心的作用。飞机敏捷性越高，产生过载就越快。飞行员从第一次视野受限到完全失去知觉的时间就越短。当过载加载率超过 5g/ 秒时，G-LOC 现象会瞬间毫无预警地发生，这种情况在 20 世纪 70 年代末 F-16 战斗机的作战飞行期间首次出现。

负加速度（负 g 过载）也会使身体的重量增加到标准 g 的数倍，但方向相反。负过载会让血液聚集在大脑中，很快令人无法忍受，眼前出现“红视”现象，如无改观，则很快脑血管就会破裂，形成脑溢血。

解决这个问题的方法是穿上抗荷服。简而言之，抗荷服是由特殊的裤子和腹部束带构成的，内部织有气囊。当飞机（以及飞行员）受到的过载达到预设的 g 值（由加速度计测量）时，气囊活门开启，压缩空气进入空气回路自动充气。裤子和腹带中的拉伸织物气囊对下腹部、大腿和小腿施加压力，防止血液过多流向下肢，并强迫血液回流心脏。

由于飞行员的身体要承受极高的过载，所以包括“台风”在内的现代战斗机的性能潜力无法得到充分发挥。像“台风”这样的第 4 代战斗机的过载增速可以高达 15 ~ 20g/ 秒，也就是说，飞机在不到半秒的时间内就可达到 10g 的最大允许过载。飞机的结构设计可以通过加强来容忍这种情况，可是飞行员不能，人体的生理阈值是有人驾驶飞机性能链条中最薄弱的一环。

作为“台风”战斗机武器系统的一个组成部分，空勤人员设备组件（AEA）是世界上最先进的抗荷服，允许飞行员舒适地以最高的效率操纵飞机。AEA 可在高过载和弹射过程中有效保护飞行员的身体，提高飞行员在陆地、海上或敌占区上空的生存能力。

先进的过载防护系统可确保飞行员在放松的过载环境中舒适地操纵飞机，并有效延长飞行员在剧烈机动期间在 9g 过载下的耐受时长。生命支持系统提供压力呼吸和过载保护，因此，飞行员在高过载条件下，不需要“过度紧张”。

AEA 组件包括全包裹的抗荷裤和胸部抗压服（CCPG），并增加了充气气囊来保护脚部。AEA 的另一个重要作用是提供热保护和浸没保护，让飞行员在极端寒冷和潮湿的条件下也能保持温暖和干燥。并可提供针对核生化威胁的全身保护。为保持飞行员的舒适性，进而保持充分的操作效率，液体调节系统将液体泵送到上半身周围，并根据需要为身体加温或冷却。AEA 的其他关键特性使固有的防火保护功能，作为飞行夹克的一部分，集成了自动救生设备，以及存储大量机组人员生存辅助设备和设施的能力。

在对方可能使用大规模杀伤性武器的情况下，“台风”战斗机采用了全面的核生化过滤系统。此外，飞行员可以使用最新研发的核生化（NBC）防护套装，与飞行头盔一起为自己提供全面的防护。

过载初体验

亚当·克里克莫尔上尉讲述了他第一次体验过载的经历以及对自己身体的影响。

“当我完成初级飞行训练后，我转到范堡罗的奎奈蒂克中心去体验离心机的过载。显然，我来的时候只做过最基本的飞行动作，没有过载的参照体系，所以很难知道会发生什么，除非你知道你会经历很多复杂情况！范堡罗的离心机由一端带有吊篮的机械臂组成。离心机在一个圆形的房间里，机械臂沿圆环轨迹旋转。吊篮的顶部装有铰链，可以倾斜到 90°，这意味着，在大过载条件下，所有的血液都会从头部流向你的脚部，所以要挑战是否眼前出现‘灰视’或‘黑视’。

“当离心机停止旋转后，吊篮才恢复到初始的悬垂位置，但内耳还处在刚刚适应的旋转状态，所以依然会感到在翻滚，内心依然躁动不安。但是，通过这次体验，我们可以了解到抗荷组件对我们多么有用。首次体验过载时，是没有穿戴任何抗荷保护装备的，仅仅穿着了一件飞行服（俗称‘成长袋’，类似婴儿穿的那种带袜的连体衣裤）。在接下来的训练中，要穿上抗荷裤——这是在皇家空军峡谷基地驾驶‘鹰’式教练机时要穿戴的装备。一旦穿好，就可以体会到什么都不用做，就可以拉出 6g 过载的感觉。当过载超过 6g 时，才真正需要绷紧肌肉，做抗过载动作。

“离心机训练结束后，我并没有感觉到头晕恶心，但我确实感觉到血液在我的脚上汇集。我的小腿很疼，身体也有翻滚的感觉。这确实让我感到奇怪。我认为不是每个人上过离心机后都会恶心呕吐，但小伙子们确实说有受不了的，所以，一旦需要，座舱里是备有呕吐袋的！甚至有些人在离心机里晕了过去，这些现象发生的主要原因，还是抗过载训练不到位。终于有一天，我被选中，学习驾驶‘台风’战斗机，然后我就回到离心机上，进行加强训练，之后去皇家空军峡谷基地，到‘鹰’T1 教练机上完成高级飞行训练。当时给我留下深刻印象的就是‘台风’战斗机专用的抗载荷飞行装备，带来了与之前大不相同的体验。当我使用这套抗过载装备时，没有做任何抗过载动作，什么都没做，就可以非常舒服的适应 9g 的过载。‘台风’专用抗荷装备包括一件夹克式的压力服，可以保持体内器官不会因为过载的影响发生移位，从而保证心脏和肺不会在沉重的过载下被挤压变形。抗荷裤覆盖了腰和腿，还会穿上抗荷靴和内衬。这些装备太神奇了，紧紧包住裤子的底部，有点儿像袜子，还会膨胀。除了手臂以外，全身都得到了全面且有效的抗荷保护，氧气也通过压力管路从氧气面罩输送过来。

“还没有人在穿戴使用‘台风’抗荷装具后因为高过载而失去知觉——只要放松身体，装具会做好一切。有些人在拉 9g 后，会在身上出现红斑，我认为这是皮下毛细血管破裂造成的。也可能会患有‘过载麻疹’，我在飞行后，手臂上偶尔会出现小红斑点，但过了一天左右，就会消失。

“随着时间的推移，你渐渐地会对过载产生耐受性，但耐受的程度主要取决于人的体质。简单地说，如果是一个又矮又胖的飞行员，他会很容易应付大过载。如果换成一名又高又瘦的飞行员，比如马拉松运动员这样身材的人，就会难以忍受了。这取决于血压，以及心脏到头部的距离，距离越远，受到的影响就越大。

“对我来讲，整架飞机上最令人愉快和惊奇的地方就是发动机了，其产生的推力远超我的想象。很少有什么感觉能和驾驶‘台风’进行起飞性能展示相比。将发动机转速推到最大，并且打开最大加力 8 秒钟后，座机已加速到 250 节，此时拉杆抬头，飞机以 60° 仰角爬升，收起起落架，达到最干净气动外形，飞机就会继续爬升。正如我猜测的那样，我说过的从“松刹车”开始，90 秒内爬升到 40000 英尺高度的说法是正确的。大家建议，当第一次这样操作的时候，起飞的时候回头看，那视觉享受，简直无敌了！因为向下看时会想：‘这太棒了！我已经到了 25000 英尺的高度了，而且我只爬升了几秒钟而已！’我昨天驾着‘台风’战斗机从皇家空军峡谷飞回来，我刚刚打开加力，那感觉真是太爽了，‘峡谷，拜拜！’简直难以置信，发动机的推力太强大了，如果不收着点儿，飞机在垂直爬升时就能达到音速！

“说到速度，我们可以以马赫数 2 的速度在高空飞行，飞机的实用升限高于 55000 英尺，并且飞机可以超音速巡航，所以我们的座机可以在不开加力的情况下维持超音速飞行。在低空，我们的最高航速被限制在马赫数 1.2，即使这样，飞机也只能坚持很短的时间，因为低空的空气密度更大，机体受到气动加热，会造成结构损坏。我认为我们的升限很高，超过‘协和’超音速客机的最高飞行高度，在这个高度，你甚至能看到地平线变弯，显示出地球的曲率。但我最近和一些驾驶过‘闪电’战斗机的飞行员聊天，他们中有一个人曾驾机爬升到 82000 英尺的超高空。他说看到舱外的景色，感到恐惧，因为天空的颜色已经暗下来了。

这架第3（F）中队的“台风”战斗机正在高空飞空战机动，拉出大过载翻筋斗，前缘缝翼放出以增加升力，鸭翼维持飞机姿态稳定。（英国皇家空军供图）

DA

对页图：第 11 中队的“台风”F2 战斗机以最大加力状态起飞。（英国皇家空军供图）

“‘台风’战斗机降落后的停止距离和其巨大的推力与优异的起飞性能一样能给人留下深刻的印象。英国皇家空军诺索尔特基地跑道长度很短，只有 5200 英尺，但我们从接地到停稳，只需用到 3000 英尺的跑道长度。这样短的距离恐怕只有 C-17 这类以短距起降闻名的战略运输机才能搞定。在‘台风’战斗机上，我们可以凭借较低的着陆重量和强大的刹车来实现这样的能力，并且在接地后还有额外的减速措施，如果在降落滑跑过程中向前推杆，鸭翼就会向下偏转，起到减速板的作用。当然，机尾还装有一个减速伞，当真正需要用到的时候，可以从后面放伞减速，但我基本没有印象曾经用过这东西。

“‘台风’战斗机不但有较高的飞行速度，升限和较短的着陆滑跑距离，还有其他吸引人的性能。它还能以非常低的速度飞行，我在空战演习的时候唯一一次飞出了极低的速度。永远不会真的想让飞机飞出低于 180 节的低速，因为此时飞机的动作严重受限。‘台风’装备了一套名为‘自动低速恢复’（ALSR）的内置系统，可以防止飞机在大迎角下偏离受控飞行状态。这个系统是飞行控制系统的一部分，能够检测在低速状态下飞机姿态的变化趋势。如果飞机处于低速区间，系统会发出声音和视觉警告，仿佛飞机在对飞行员说：‘放松操纵杆或者加大油门，如果一分钟后不做出应对，我就会接管你的操纵！’如果飞行员无法及时作出反应或者忽略警告，ALSR 将接管飞机操纵，将发动机的推力增加到最大，并根据飞机的姿态，通过 ALSR 系统的推杆、拉杆或者交替操作，将飞机恢复到安全状态。之后，飞行员才再次拿回飞机的控制权。

“除了低速自动恢复系统以外，‘台风’战斗机还装备有飞机姿态恢复系统，可以按下操纵杆前方控制台上的一个按钮来启用这个系统功能。这个按钮非常显眼，在一个带有黑色斜条纹的黄色底座中间。可以想象这样一个场景，在云端飞行，遇到了严重的倾斜，看着所有的目视参考物但仍然不知道哪里是正上方，然后按下这个按钮，飞机就会自动滚转拉起，以微微抬头的姿态水平飞行。

“‘台风’战斗机的座舱必须是任何飞机当中，飞行员乘坐最舒适的场所之一。座舱中的人机工效绝对是一流的，座舱提供了一个非常干净、舒适和整洁的环境，可以为飞行员提供所有需要的信息。飞行员坐在相对较高的位置，这样就可以通过气泡形座舱盖，清楚地看到前面、侧面和后面的情况，还可以毫无遮挡地看到两边的情景。

“这种飞机与众不同的一个地方是平视显示器，这是飞行信息和参数的主要来源。其平显的面积比其他高速喷气机大很多，所有关键的数据都清晰可见，无须低头看仪表板。有了新型头盔，可以通过护目镜上的投影来读取数据。如果 HUD 出于任何原因发生故障，无法正常显示内容，可以将 HUD 应显示的内容复制转移到仪表板上任意一个屏幕上，这样就有了多种模式选择。3 个显示器可以显示相关的详细信息，如武器状态、发动机仪表参数、移动地图显示等。这些显示器是可以任意配置的，如果愿意，还可以把一个屏幕的显示内容切换到另一个屏幕上，但我们还是倾向于保持标准设置。可以通过油门杆上的指点杆来控制屏幕上的光标显示，并用光标对屏幕内容进行操作，可以用无名指和中指来控制那个光标指点杆。

“飞行员可以在任意时间在屏幕上调出武器挂载情况——你选择这个模式时，会在屏幕上看到飞机的俯视图，显示每个挂点及挂载的弹药，还有干扰箔条、红外诱饵弹、剩余炮弹数量和剩余油量。根据不同的任务，飞机携带不同的武器，在执行空战任务时，携带 6 枚先进中距空空导弹（AMRAAM）和两枚先进近距空空导弹（ASRAAM）。中距空空导弹挂载在靠近机身的挂点上，近距导弹挂在翼下挂架上。飞机通常也挂载两个副油箱，以增加航程和巡逻时间。

“飞行员在操纵杆上切换武器选择，操纵杆前端有一个食指可以扣下的扳机——可以发射空空导弹或者在执行对地攻击时，切换到机炮模式，让机炮开火。武器切换是由拇指控制的苦力帽操作的，向前拨就切换到先进中距空空导弹，直接按压就切换到先进近距空空导弹，往后拨就切换到机炮。

“2012 年伦敦奥运会期间，‘台风’驻扎在英国皇家空军诺索尔特基地，保卫伦敦上空的安全，情况与普通战备完全不同。飞机没有外挂副油箱，是完全干净的外挂构型，甚至不会往机翼油箱里加注燃料。因为我们一旦出发并处理完威胁后，首先要做的就是尽快返场降落。如果我们在机翼油箱中加入过多燃料，将不得不花费时间去消耗掉这些燃料，以降低着陆重量。干净的外挂构型对飞机的速度会产生巨大的影响——没有外挂油箱的情况下，战斗加力起飞时，飞机的推力更加充沛，那样的感觉很难用语言来形容，一架本来已经飞得很快的飞机，突然间可以变得更快。

“我们中队在一个月的 28 天内能看到大约要执行 3 次快速反应警戒（QRA，通常直接简写为 Q）任务——一次‘Q’任务要 24 小时待命。我们中队最近很忙，因为我们要在奥运会期间保卫伦敦上空的安全，而且我们还有一些飞行员被派驻到遥远的马尔维纳斯群岛。除此之外，我们还要进行训练飞行，以保持飞行技能并练习战术机动。例如，昨天下午 15：00，我飞往威尔士短途转场，途中还要进行低空飞行训练，我们每个月都要有几天飞任务循环－起飞和降落，在康宁斯比基地进行接地复飞，这基本上就是我们在奥运期间，在赛场上空要做的事情。我平均每个月要飞 20 个小时。

“除了巡逻飞行，我们还有其他次要任务，所以每天都是不同的。我通常 8：30 就开始工作了。如果我在当天第一批起飞，我们就会执行简报任务，并要求 10：30 准时升空。根据飞行任务情况，我们的飞行时长将增加到两个小时。某一天，我们还可能会练习空战机动动作，与其他中队的飞行员从头对头态势开始训练。此外，我们还可能会进行战斗空中巡逻，这样我们就需要和空中加油机会合，进行空中加油。

“当我们返航落地后，将进行任务汇报，所以我们要在 14：00 左右进行总结。吃过一些东西后，我们可能要花一下午的时间做一些次要的工作，比如行政管理一类的事务。或者，我们再开始下一次飞行，短暂升空，然后开始下次任务循环。”

中队长瑞安·曼纳林

中队长瑞安·曼纳林（Ryan Mannering）是第 14 中队的一名经验丰富的“狂风”战斗机飞行员，他在 2007 年被派往“台风”战斗机任务转换部队（OCU）。训练完成后，他被任命为皇家空军康宁斯比基地“台风”战斗机训练飞行指挥官。

“回想起 2007 年夏天，我还是第 14 中队的一名飞行员，在土耳其‘安纳托利亚之鹰’演习中享受着我在‘狂风’GR4 战斗机中的第 3 次远征之旅。在分遣队执行任务的第二个星期一，我被叫到办公室和上级聊天，被告知返回基地，当时我的基地在皇家空军洛西茅斯基地（RAF Lossimemouth）。我心里一沉，开始回忆我之前是不是做错过什么！好在，这是一个好消息，我被派遣到第 29（R）中队，负责‘台风’战斗机的任务转换训练部队（OCU）。

“当这个任命向中队其他人宣布时，我开心极了，看到众多羡慕的目光，甚至都有些飘了。但加入任务转换部队之前，我必须通过严格的任前训练。训练任务从皇家空军亨洛航空医学中心开始，目的是了解驾驶新型高性能飞机对参训学员的身体产生什么样的生理影响，并掌握高过载条件下的压力呼吸动作，现在我可以适应 55000 英尺以上高度的飞行环境。我也经历过模拟 45000 英尺高度条件下的快速减压。

DD

“台风”战斗机双机编队飞行。（英国皇家空军供图）

一架第 29（R）中队的双座型“台风”T3 战斗机以 90° 的坡度侧飞低空穿过威尔士的一处峡谷。超低空飞行是飞行员非常容易生疏的技能，因此常规飞行训练中会经常进行超低空飞行训练。这种环境下，飞机每分钟飞过 7 英里，海平面高度仅为 250 英尺，完全没有失误的空间。（劳埃德・霍根供图）

ZJ812

“设备组件（AEA），包括新的抗荷服——全覆盖抗荷裤和压力紧身衣。下一项任务是去范堡罗进行离心机训练，体验高达 9g 的过载，并要通过强制性的高过载考核，才能不被淘汰，进入后续的训练学习。我对离心机的经历记忆犹新，之前我在博斯坎普城（Boscombe Down）基地航空医学中心的‘鹰’式教练机上经历过两次高过载飞行。这是穿着完整的‘台风’专用 AEA 后进行的，旨在让飞行员体验抗荷组件的性能，建立信心。我惊喜地发现我可以毫不费力的在 6g 的过载中坚持下来，并且可以很容易到达 9g。我最后进行训练的地点是位于汉普郡斯旺维克的国家空中交通管制中心。‘台风’战斗机的强大推力，使其拥有超快的爬升速度，能超越雷达扫描更新，所以我得到了亲自演示的机会，展现飞机的性能优势，展示飞机超乎想象的爬升率和实用升限！

“尽管我急切盼望着上手驾驶这架飞机，但不得不多等些日子，因为要经过为期 4 周的地面学习阶段，到皇家空军康宁斯比基地，也就是‘台风’战斗机教学总部基地，在‘台风’战斗机的配套训练设备（TTF）上进行针对性的训练。地面学习阶段包括两周的技术理论课学习，讲解‘台风’战斗机复杂的技术特点和各‘台风’中队的情况。后续逐渐转到‘台风’战斗机的飞行模拟机上进行基本转换训练和应急程序培训。TTF 是 4 个研制国联合研发的空勤人员综合训练辅助设备（ASTA），由两台全任务模拟器（FMS）和两台座舱训练设备组成。为期 4 周的训练接近尾声，进行模拟机考核，内容包括仪表飞行、完整的应急程序演练和‘台风’战斗机技术数据及应急程序考核。

“最后，终于到了改装训练阶段了。我驾驶‘台风’的首次飞行包括常规操作，接下来是仪表飞行和起降航线训练，但我能真正记住的是对飞机的加速性能咧嘴笑出来，因为飞机在只依靠发动机的推力而无其他蓄势的情况下就能以 400 节的速度，以 20° 仰角爬升。另一个深刻的印象是座舱内非常干净整洁，有 3 个多功能下视显示器和一个宽视场平视显示器，平显上可以显示所有飞行员想看到的数据！

改装训练阶段含五次飞行，包括一次仪表飞行训练（IRT），然后是首次放单飞，接下来是编队飞行和夜航训练考核。第一次单飞，通常是在单座飞机上，而不是像浴盆一样的双座机上，通常是飞行员在湖区还是威尔士上空享受自由自在的低空飞行，尽情展现飞机优异的性能，然后是在 FL500 的高度层或以上高度飞越，因为你已得到许可。飞机的低空性能极其优秀，可以飞出极高的速度，必须将自动油门设置为 420 节的速度，以免飞机超速，进入跨音速段并产生音爆，引发地面居民的抱怨！

“随着改装训练阶段的完成，是时候开始教学大纲中的战术部分的学习了。‘台风’战斗机部队基本防空作战部分（BCAM）的 OCU 教学大纲旨在教导飞行学员基本防空（AD）战术技能。其目的是让飞行员能够在视距内（WVR）使用先进近距空空导弹与敌机作战，然后是在视距外（BVR）使用先进中距空空导弹拦截目标，最后将所有科目形成一个战术组合。视距内阶段包括两个综合项目和 7 个实飞项目，包括进攻、防守和大迎角战斗机动。这个阶段对身体要求很高，因为飞行员的身体要承受很高的过载，同时还要操作武器系统。‘台风’战斗机在人机工效方面优于很多现役飞机，利用语音和操纵杆（VTAS）输入来控制武器系统，这对于玩着 PlayStation 游戏机长大的一代飞行员来说，简直是如鱼得水，堪称飞行员的另外一个家。

“超视距作战训练阶段包括 3 项模拟机训练和 4 个实飞训练，从一对一拦截到一对二拦截，首先使用先进中距空空导弹，距离拉近后再使用先进近距空空导弹的战术。正是在这个阶段中，我开始意识到座机必须要提供大量的信息，且随时要保持头脑清醒，分析所有信息，并剔除干扰。

“超视距训练阶段结束后，训练迅速切换到双机编队作战阶段。这个阶段包含 3 项模拟机训练和 6 项实飞训练，最终由‘台风’双机完成训练，我作为僚机参训，在各种不同场景的演练中与一对未知的双机对手战斗。不可否认的是，作战转换部队中的双机编队对抗是最具战术性和要求最严格的，引入了防御辅助和数据链（MIDS/Link16）控制。教学的最后一部分是快速反应警戒任务阶段，完成训练后，第 29（R）中队的毕业学员就被官方认证为具备‘有限战斗准备就绪’能力，从而能够承担北约和英国的 24/7 待命，10 分钟内快速反应出击的任务。

“完成任务转换训练后，飞行员被分配到一线的‘台风’战斗机中队。在这里，年轻的飞行员们将继续完成高级防空作战模块（ACAM）的训练，根据本人战技特点，选定飞行员参加基础和高级对地打击作战模块（BSAM/ASAM）的训练。”

尼克·格拉汉姆上尉

尼克是英国皇家空军康宁斯比第 29（R）中队的“台风”战斗机 OCU 教官。在 2008 年改装到“台风”战斗机之前，他是一名“狂风”F3 战斗机飞行员。

1

2

“台风”起飞

208—214 页图：一旦机务人员将飞机准备好（图 1，图 4），飞机即处于“武装完毕”的战备状态（图 3）。一切准备就绪，飞机在飞行待机区域待命（图 2）。亚当·克里克莫尔中尉在待机区登机并就座（图 5），扣好安全带并进行飞行前检查（图 7—10）。[英国皇家空军与尼克·罗宾逊（图 1 和图 2）联合供图]

5

6

7

8

9

10

B-20

CLAYDEN
NO STEP
AIR INTAKE
KEEP CLEAR

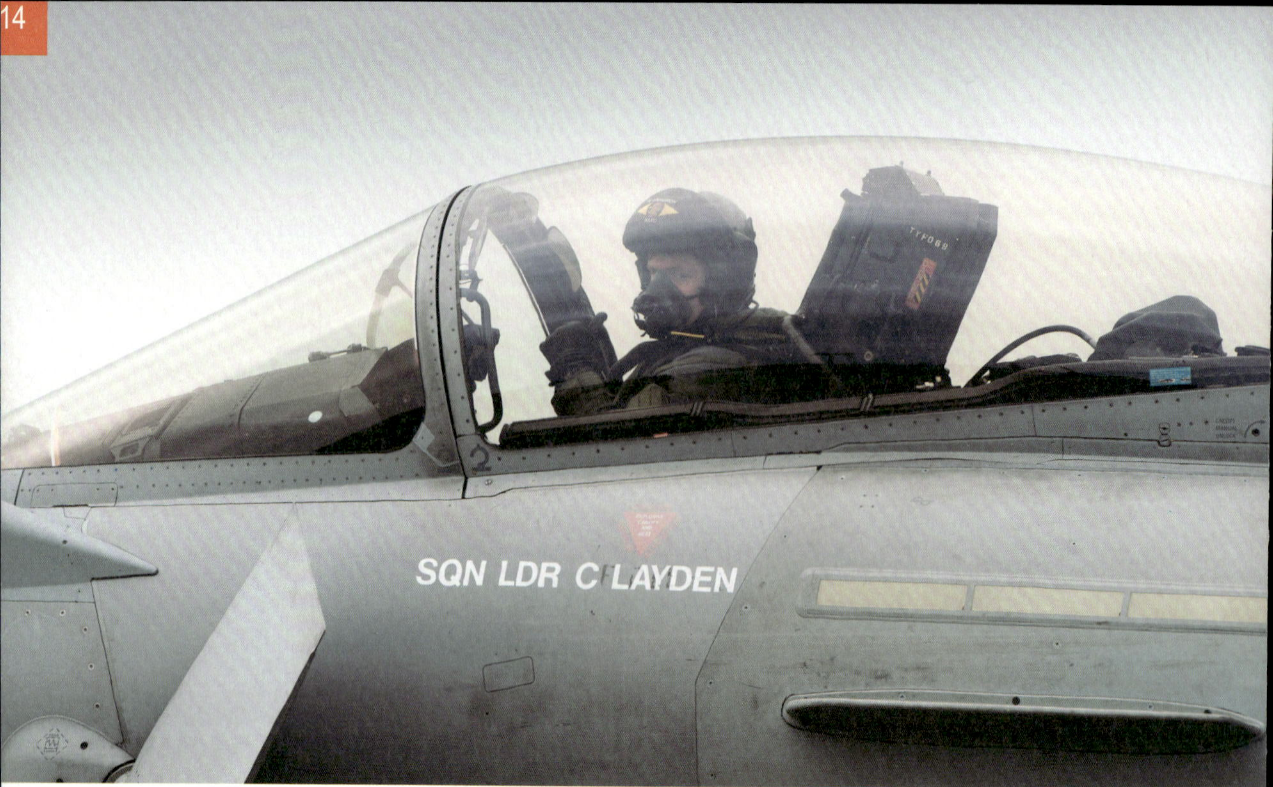
SQN LDR C LAYDEN

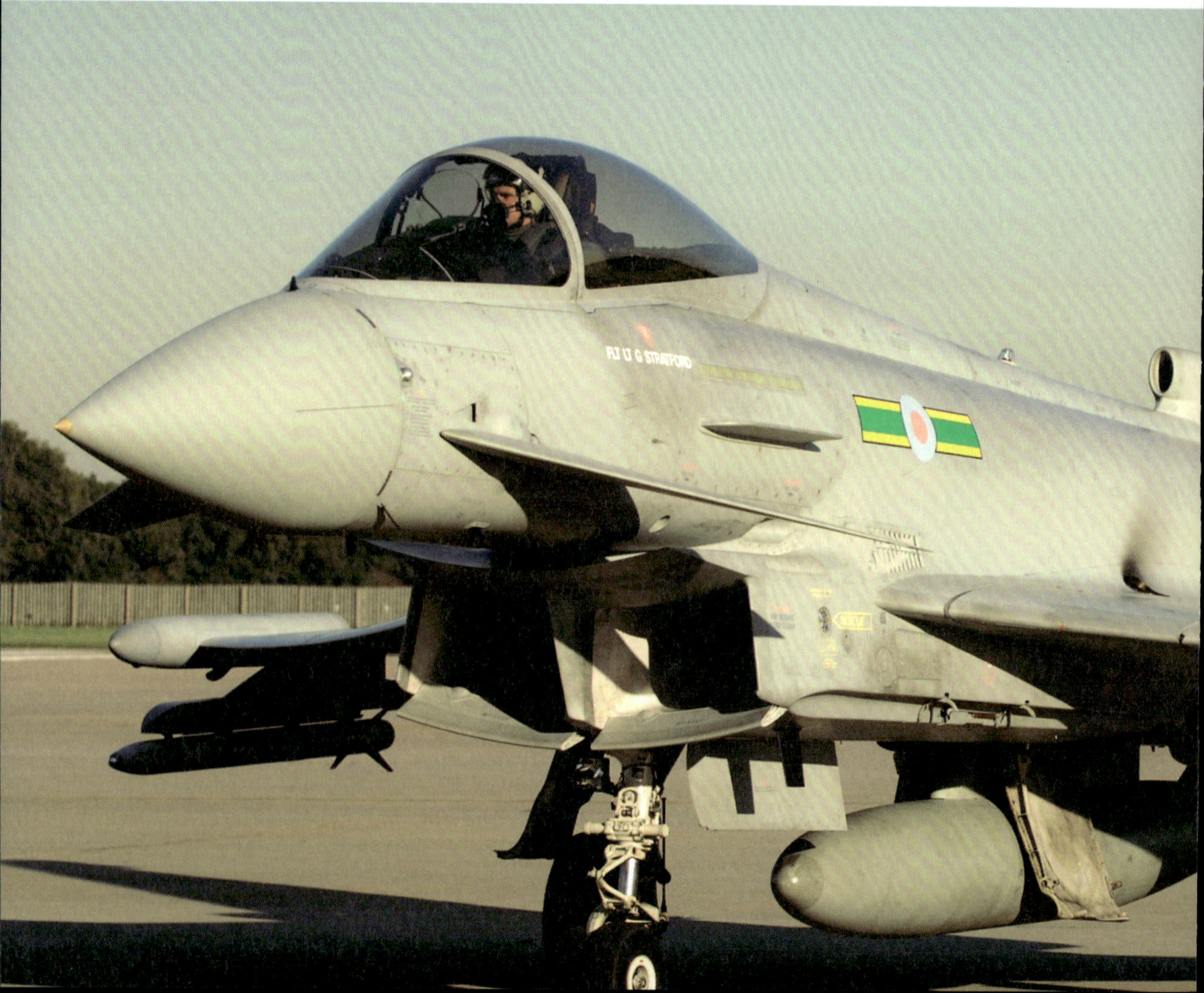
FLT LT G STRATFORD

SQN LDR A J ALLSOP
MAJ J COLBORN

215—221 页图：结束飞行前检查，飞行员戴好氧气面罩（图 11）并向机外的地勤人员打手势，示意发动机即将开车（图 12）；关上座舱盖（图 13）；启动飞行配套软件程序（图 14）；示意地勤人员撤场，与飞机保持安全距离，准备滑出（图 15）；“台风”战斗机滑出，滑向跑道的起飞线（图 16）；一旦跑道清空，得到起飞指令，发动机转速提高，直到全加力状态，“松刹车”，以战斗加力在最短时间内起飞升空（图 17）。［英国皇家空军与尼克·罗宾逊（图 14）联合供图］

5

“当我在索尔福德大学读书时，我非常幸运地获得了英国皇家空军提供的长达 10 个月的奖学金，所以，我在 1997 年从大学毕业，加入英国皇家空军之前，就已经在那里的大学空军中队进行了初级飞行训练。2001 年，我到皇家空军康宁斯比基地的‘狂风’F3 战斗机任务转换中队体验了高速喷气机的飞行。接下来，我成功完成训练课程之后，被派遣到皇家空军卢查斯基地服役了 4 年，最初在第 43 中队，后来调到了第 111 中队。之后我被选派到丹麦，在那里飞了 3 年 F-16 战斗机。

“这个机会太吸引人了，并且确实是一种特权。F-16 相对于‘狂风’F3，在技术上是巨大的进步，航电系统非常先进，是我驾驶过的飞机中最好的，但即使如此，该机驾驶起来非常的简单。‘狂风’F3 的座舱内充满了告警的铃声和哨声，还有大量的拨动开关以及巨大的操纵杆。在着陆前检查的清单内，就有大约 14 或 15 个不同的独立检查项，从顺风航线到最后一个转弯开始，你都要努力检查并确认列表中的每一项。在 F-16 战斗机上，仅仅是‘速度低于 250 节，放下起落架’这么简单！在这方面，和‘台风’战斗机非常相似。F-16 也是多用途战斗机，既能空战也能对地攻击。我从那次交流中学到了很多东西，后来的实践证明，这些对我的服役生涯作用很大。教会了我如何使用目标指示吊舱和精确制导武器，这让我在‘台风’任务转换部队中相对其他学员有着明显的优势。

“当飞行员拉出自己能承受的极限过载时，此时的过载 g 值是相当惊人的，而飞机却还没达到过载性能的上限。在过载值小于 6g 或 7g 之前，什么抗过载动作都不用做——即使到了这个过载值，也只需花一点力气阻止眼冒金星或体验到脑供血不足的感觉。这和在其他飞机上拉出 6g 的感觉完全不同——我们穿戴的抗过载装具真的很给力！它在高过载环境下能坚持更久，获得超越对手的过载优势——可提供压力呼吸和其他必要的功能，让人领先一步。这意味着我们在对抗演练时，和 F-15 战斗机进行格斗（我们必定会赢！），完成一个回合之后，准备下一场格斗。通过无线电呼叫对方飞行员，让他们告知什么时候能准备好，进行下一场对抗，当他们在频道里回答时，你可以从他们的声音中听到这一点——那家伙一直在努力，当他说话时，已经上气不接下气了。而我们却可以一次接一次地进行空中格斗，身体的感觉像雏菊一样新鲜，体力完全能跟上。这意味着随着时间推移，我方的作战团队可以长时间持续战斗，这是‘台风’战斗机给你的另一项优势。

222—228 页图：“台风”战斗机从跑道上抬头后，像火箭一样拔地而起（图 18），从“松刹车”到离地，仅用 8 秒，滑跑距离刚刚超过 2000 英尺。飞行员收起起落架（图 19）并拉杆继续爬升（图 20）。飞机咆哮着冲向天空，实际上飞机并不是依靠机翼的升力飞上去，而是像火箭一样靠自身发动机强大的推力垂直爬升（图 21）。（英国皇家空军供图）

基本空战机动

基本空战机动（BFM）是战斗机飞行员在空战机动或近距格斗中为了抢占优势位置，牵制对手而采取的战术机动动作。获取优势后就掌握了攻击的主动权，可以抢先向对方开火。BFM 包含战术转弯、滚转和其他必要机动动作，抢在对手做出同类机动之前抵达敌方背后或上方的位置。这类机动可以是进攻性的，让飞行员从后面咬住敌人，也可以是防御性的，让飞行员可以破坏敌人的开火条件或者摆脱攻击。BFM 也可以是中立特性的，这种情况发生在敌我双方奋力抢占进攻位置或者做摆脱机动时，创造撤离战场的条件。

空战是所有英国皇家空军战斗机飞行员基础训练中的必修课，这种训练从皇家空军乌斯河畔林顿（RAF Linton-on-Ouse）基地驾驶“巨嘴鸟”教练机飞行的时候就开始了。训练环境是公平的，因为飞行员们驾驶的是同样的飞机，比拼的是技术。当飞行员们转到皇家空军峡谷基地，去飞“鹰”式教练机以及在作战转换训练单位进行最终训练时，训练就会抵达一个新高度了。作为一名合格的一线作战飞行员，会定期与其他北约成员国的不同型号的战斗机进行空战对抗演练，这更像真正的空战，他们必须学会应对不同的技术优势和武器装备。

空战发生在一个三维空间内，所以 BFM 不会被简单地约束在像赛车场上汽车追逐竞驶那样二维平面转弯的范围内。BMF 依赖每个飞行员在空速（动能）和高度（重力势能）以及飞机盘旋性能之间的转换和运用能力。这么做是为了保持飞机的能量水平，使战斗机能够持续有效地机动飞行。战斗机飞行员需要全面理解三维空间中的几何追击路线，不同的接近角度会对接近率有直接的影响。战斗机飞行员利用这些角度不仅是为了快速进入武器作用范围，也为了避免出现在对手枪口面前或从前方与其航线交叉。

格斗中最有优势的位置通常在对手的上方或后方——占据这个位置的飞机或飞行员就是进攻的一方。相反，处于防守态势的飞行员通常要么在对手的下方，要么在对手的前方。

大多数 BFM 机动是进攻性的。防御机动通常包含非常激烈的瞬时盘旋，以避开进攻方的武器作用范围——急转、高速转向脱离或者半滚倒转等。处于防守位置的飞行员通常会试图迫使进攻方扑空，或者显著拉开距离，便于自己俯冲脱离进攻方的射程。

对页图：不论地面的天气如何，云层上方都是阳光明媚的。天空中的云海可以称得上世界上最佳的“办公室窗外”景色了。（英国皇家空军供图）

尼克·格拉汉姆从皇家空军康宁斯比基地起飞，驾驶“台风”战斗机，与其他飞行员驾驶的同型飞机组成了“钻石”编队，参加皇家周年庆典。照片拍摄于编队进行彩排期间，此时刚刚飞越林肯郡，一天后，编队将正式飞越温莎城堡，执行英国皇家空军的庆典飞行任务。（英国皇家空军供图）

照片中是一架单座机。一名皇家空军的飞行员在意大利南部乔亚·德尔科勒基地，伴随着落日余晖，在登机梯上跨入了座机的座舱。（英国皇家空军供图）

XXX XXX

"2012年，我作为一名替补飞行员参加纪念飞行表演。如果正式编队中有一架飞机在起飞前出现问题，那么就会脱离编队，我可以立刻补上空缺位置。空中分队飞越是在周六，所以我们在周五进行了一次彩排，我驾机参加了一部分演练，也进行了一些拍摄辅助工作，之后我就回到了康宁斯比，而编队主力还在林肯郡上空盘旋飞越。到了周六，我们派出了11架飞机编队前往温莎堡——这个场景就像一幅二战期间的海报，所有飞机的尾迹划过清晨的天空。我们飞到南海岸上空，降到较低的高度，在怀特岛上空盘旋待命，直到预定时刻，他们完成列队，前往表演空域，而我也完成了替补的使命，脱离编队，返回基地。

下图：在夕阳下以马赫数1.5的速度飞行。其他的生活方式都无法与此情此景相比。（英国皇家空军供图）

"我需要爬升至40000英尺高度，然后返场，所以我和民用空中交通管制中心联系，他们许可我爬升到请求高度。我的油量充足，于是加速到500节，此时的飞机在垂直爬升，很快爬升到40000英尺。我

爬升的过程中，空管在无线电中呼叫我：‘确认高度超过10000英尺。’我听着非常得意，‘额……高度达到20000、30000，40000英尺。’他们问我航向是什么，我回答：‘额……暂无航向！’

“现在，当他们和我谈论爬升或者降低高度时，他们常常会说‘没有限制’。我可能以惊人的速度俯冲，并快速从地面上指定标记点上空掠过。我收油门减速，然后将机头指向地面，轨迹几乎呈螺旋状，飞机做了一个滚转下降——经常在航展上看到表演的飞机做这个动作——飞机很像围绕着三维空间中一个特定的点旋转，但这个点却在地面上。最理想的状态是尽可能地长时间飞在能达到的最高高度，因为此时发动机油耗极低，几乎不烧多少油。在空管人员的眼里，我这样做会让他们焦躁不安，因为飞行轨迹像一堵墙一样直上直下的，与民用飞机的预测飞行轨迹完全不同，并且他们还会认为飞机要穿过他们的管制空域，给他们带来很大的麻烦。而我非常清楚，你可以像自由落体一样向地面俯冲，在几乎没有水平方向运动的情况下到达低空，然后直接拉起改平。空管会在无线电里说，‘确认要降低高度吗？’我会说，‘是啊，是啊……看我的！’然后高速俯冲，我的移动速度超过了空管雷达的数据更新速度，所以他们在屏幕上看到我的光标，要落后于我实际的位置。

“对我来说，登上一架只有一个座位的飞机，那感觉真的非常酷！当我走向飞机的时候，会感觉有点儿拘谨。我想，‘哇哦，飞机上没有其他人的位置了。这是专属于我一个人的小飞机’。在这架飞机面前，我会想，‘我想登上去’，然后说到做到。左手使劲推油门，然后移动操纵杆，砰的一声！我就到了想去的地方，和我想象的速度相差无几。这太神奇了。这真的是一架非常非常酷炫的飞机！

“不过，对我自己来说，这份工作最好的一点就是体验到常人无法接近的环境。在一个气象条件非常糟糕的空域里，云层密布，一望无边，白昼如夜。灰暗的天空让人的心情特别压抑。在冬天，如果看不到太阳，我的心情会特别压抑，所以有时不得不把自己关在飞机的座舱内，绑在座椅安全带上，驾机穿越浓密的乌云，爬升到一个明亮、充满和煦阳光，万里无云的蓝天里。心情豁然开朗，没有什么比这种感觉更好了。”

一名第 11 中队的技术人员在皇家空军康宁斯比基地的强化飞机掩体（HAS）内对一架“台风”战斗机进行故障诊断。飞机在他的前上方，前机身的航电设备舱检查口盖已经打开，通过线缆连接到技术人员的电脑上。（本书作者供图）

6 工程师眼中的“台风”

“‘台风’战斗机上单个组件比‘狂风’或‘鹞’式战斗机上的同类组件要皮实耐用得多。发动机就是一个最好的例子——它确实是最先进的发动机，不会出现困扰着 RB199 和‘飞马座’发动机的那类故障。”

——中队长马克·巴特沃斯（Mark Butterworth），第 11 中队高级工程军官（SENGO）

英国皇家空军飞机的所有一线工程和维护工作都在中队一级单位进行，由一名少校级别高级工程军官（SENGO）领导。向其汇报工作的是两名上尉级别的初级工程军官（JENGO），他俩各带领一个班组的技术人员开展工作。“台风”战斗机只需要来自3个工程专业的技术人员对其进行维护——机械、航电设备和军械。

皇家空军机务工程部队中职级最低的是飞机维修机械师（AAM）。AAM是皇家空军机务技术人员中航电和机械技术专业人员的入门级别。AAM负责飞机的每日运行操作、飞行服务和日常管理。AAM担负起“台风”战斗机的例行维护任务，例如给轮胎充气、加油、发动机滑油补充以及清洁擦拭座舱盖透明件。

加入中队大约18个月后，飞机维修机械师回到皇家空军考斯福德（RAF Cosford）基地进行进一步的技术培训。成功毕业的学员成为航电设备或机械设备的技术人员，分配到皇家空军卢查斯和康宁斯比基地的“台风”战斗机中队继续服役。

中队长马克·巴特沃斯

中队长马克·巴特沃斯是第11中队的高级工程军官。

“作为高级工程军官（SENGO），我负责中队所有人员在修理和维护飞机方面的所有工程工作。我力求将第11中队所属的所有飞机的可用性、能效和适航性达到最大化。

“在日常维护工作中，我们的工程师分为不同的班组，轮班对出勤的飞机提供地面保障服务，对出于任何原因导致不能正常出勤的飞机进行维修和整备。这些工作由中尉军衔的初级工程军官负责，在各自的班次进行维护。我的职责之一是在他们遇到棘手问题时提供指导和建议。

“我们在每个班次上都安排了3个专业的专家，他们共同负责‘台风’战斗机维护工程的各个方面。机械技术人员负责机身结构和发动机，包括液压、燃油、飞机本身的结构件和表面蒙皮，以及与发动机和辅助动力单元有关的一些部件。航电技术人员负责座舱仪表、监控

对页图：中队长马克·巴特沃斯。（英国皇家空军供图）

PL BOOTH
WEAPONS
909

对页图：军械工程师在检查和维护 Mk16A 弹射座椅。(本书作者供图)

和维护数据总线、航电组件——任何电气或航电相关的设备，或者是几乎任何与座舱有关的部件。如你所猜想，军械技术人员负责安装和挂载在飞机上的所有武器装备，但他们也负责我们可能安装的特种设备，如外挂副油箱、目标指示吊舱、侦察或训练吊舱——如果是挂载在空空导弹滑轨上的外挂物或者任何军械，都属于他们的职责范围。

“他们还要负责维护弹射座椅，原因很简单，弹射座椅的核心部件是火工品，与军械属于同类。弹射座椅要靠火箭发动机将座椅和飞行员迅速并安全地带离飞机，因此，他们需要检查并确认火工品是否在有效期范围内，状态是否正常。‘台风’战斗机在设计的时候就充分考虑了可维护性，为 3 个专业的机务人员的维护工作提供了极大的便利性，每个专业的人员只要在本专业范围内按章进行操作即可。安全设备的维护也是由我负责的，包括飞行员的飞行装具，也包括飞行夹克里的信号弹。

“每个专业之间存在着模糊的灰色地带，所以专业之间也没有非左即右的界限。如果你拿武器控制系统这样的子系统来讲，这不仅是航电技术人员的职责范围，军械人员也要参与进来，两个专业的技术人员要配合着解决这个系统中发现的问题。我猜想，这是‘台风’战斗机与‘鹞’式或者‘狂风’战斗机的不同之处，军械人员不仅要负责往翼下和机腹挂架上挂载外挂装备，还要有技术思维，因为他们必须处理影响到他们负责的设备的航电专业问题。很少有问题可以简单地丢入‘机械故障’或‘航电故障’这两个‘筐’里，在‘台风’战斗机上，必须让几个专业的技术人员协同工作。

“对我来讲，这个特性是一种实实在在的优势，因为它让我们的技术人员得到了锻炼和提升，让他们更加深入地了解他们负责的子系统在飞机上的位置，形成全面的系统图像。从而具备交叉专业技能和思维。

“我们不会在‘台风’战斗机的维护工程上太过深入研究——就系统机制而言，我们真的没有从‘狂风’F3 战斗机身上找到什么和‘台风’有可比性的地方，‘狂风’战斗机是模拟机制的——连杆、拨杆、旋钮等。‘台风’战斗机与此截然不同，整机是数字体系的，几乎所有设备都是‘即插即用’的。我们在维护时，各部件都是直接现场更换的。例如，我们会更换一个制动总成件，但我们不会进一步去更换或修理总成件内的制动盘。进一步的维修是由皇家空军康宁斯比基地的二线工程团队来完成的，这是一个由 BAE 系统公司的工程师和技术人员组成的独立部门。

EJ 142 015
FIRE

航电技术人员打开航电舱门进行维护工作。（尼克·罗宾逊供图）

EJ 200 ENGINE

对页图：正在康宁斯比进行维护的 EJ200 发动机。（“欧洲战斗机”项目成员乔夫·李供图）

“作为中队级别的一线机务工程师，我们是一支远征部队，必须拥有相对全面的业务技能，我们无法奢侈到可以调用二线部队的资源，所以，我们必须有能力在现场处理几乎任何一种问题。我们不会将总成件拆解成更细碎的部件，我们只会更换总成件本体。在飞机的各部位有很多专用舱室，安装着主要部件，包括起落架舱、发动机舱、航电设备检查舱（用于检查维护其他航电设备的控制台所在的舱室）。军械工程师要检查和维护机炮舱以及检查和维护座舱中的马丁·贝克 Mk16a 弹射座椅。

“当飞机出现故障时，我们会及时修理，例如，如果有燃油或者液压油渗漏，我们会更换相应的管路来解决渗漏的问题。但是在我们中队一级必须处理的大部分问题，都可以用解决家里的电脑故障的思路进行解决——类似于按下键盘上的‘Ctrl+Alt+Delete’3 键重启系统。这一般能解决航电系统屏幕上可能出现的 90% 的问题。超出这一范围的 10%，通常用一个黑盒替换另一个黑盒的方法来排查。为了确定故障在哪里，我们将诊断单元的数据线插入航电设备的调试接口，就像汽车修理工通过 OBD 来检测故障一样，他们更像技术人员，通过观察汽车仪表板上亮起的发动机故障提示灯，然后在调试系统上找出故障代码，告诉我们具体的故障，应该更换什么部件。

“我们真正遇到的头疼的问题是线缆故障，我们必须更换线缆。正如你想象的那样，更换线缆是一个噩梦般的任务，‘台风’战斗机上有大量的线缆，你大概率会在一条可能长达 15 米的线缆上查找单点故障。如果我们不得不将一个舱室拆解，拆出那条 15 米长的线缆，并更换一条新线，重新接入现有线路中，然后将舱室装回去，这个过程非常复杂——这类作业可能需要一周才能完成，这意味着飞机在此期间都处在维修状态，无法出动。这是中队级别的维护工作中，最复杂的一类了。

“如果我们有一架飞机，并且确认存在线缆故障，那么该机将至少有一周的时间处于维修状态，我们就会尝试对其进行一些并行维护工作，这个机会难得，我们会抓紧时间对其进行尽可能多的其他维护作业。

“‘台风’战斗机上的各个部件都要比‘狂风’或者‘鹞’式战斗机上的同类部件皮实耐用得多——这三类部件我都维护过，所以我了解得非常深入，有这个发言权！‘台风’真的有跨代优势，先进到很难进行常规的比较。

QRA USE ONLY

对页图：技术人员正在工作。（尼克·罗宾逊供图）

“发动机是最好的例子——它确实是最先进的，你不会遇到困扰着‘鹞’式战斗机的‘飞马座’发动机和‘狂风’F3战斗机的RB199发动机的那种棘手故障。机匣也是发动机上的一个显眼的故障点，比如众多的部件，只要有那么几个出现问题，就会出现例如供油不畅的故障。EJ200发动机比这些型号的发动机领先一代以上。‘鹞’式和‘狂风’式属于第3代战斗机，而‘台风’则是4.5代战斗机，领先他们好几条街！

“很多简单的机械问题你都能在第3代发动机上的主要部件上遇到，而你在这台发动机上不会遇到，因为它在设计时就考虑了这些问题，想得非常周到。除此之外，我们还从罗尔斯·罗伊斯公司获得技术支持，我们在此基础上，进行预防性的维护，确保我们在故障隐患发展为真正的故障前就能发现它们。我们在维护发动机时还用到了内窥镜——简单来讲就是把摄像头伸进发动机内部，我们就可以检查内部机件表面是否存在裂缝、疲劳纹或其他损伤。RB199和‘飞马座’发动机的叶片表面容易受到外来异物的损伤（FOD），然后通过发动机向内扩散，但你从来不会在EJ200发动机上看到这种损伤——当然，即使有也不会达到和前代发动机同样的程度。这有相当一部分原因是进气道呈向上的S形，使发动机的进气口处在较高的位置上，也归功于叶片制造时的先进工艺——公差表现要比以前的产品好太多了。

“这个优势在打击利比亚的‘埃拉米’行动中体现得淋漓尽致，我们在那里的整个期间，机队只更换过一台发动机，后来发现这个操作并不是必要的。这与一同参加‘埃拉米’作战行动的‘狂风’GR4战斗机形成了鲜明的对比——他们每周都要更换发动机，造成这种现象的原因主要是外来物损伤（FOD）。EJ200发动机与之相比，更有韧性。事实上，韧性和自我修复就像一个贯穿整架飞机的主题词。就拿我们在‘鹞’式战斗机上安装的惯性导航装置来讲，装好后，得需要飞行三四次才能知道是否稳定。如果不是，就得重新设置，整个循环就要重新开始。在‘台风’战斗机上，航电设备组件在设计时，就考虑了自我诊断的功能，所以飞机会告诉你哪里出现了什么问题，而不是你去排查和寻找问题。

“雷达系统是一个很好的例子，体现出在技术进步的加持下，系统的维护由繁琐向简单的转变。在‘狂风’战斗机上，雷达系统中的LRI（可替换组件——组成雷达系统部件）多如牛毛，定位和诊断故障仿佛大海捞针。我们曾经开玩笑说，你还是掷骰子决定吧，当哪面数字朝上，就按那个数字去找得了。你可能得花好几个星期才能找到‘狂风’F3战斗机雷达上面的一个故障点位，当你发现一套工作正常的组件（LRI）时，你恨不得把它们立刻密封起来，永远不再碰他们一丝一毫！

1

“在‘台风’战斗机上面，这类问题处理起来就简单多了。系统的功能更加强大，但在我们的眼里，系统的架构设计就要简单多了，维护工作的模块项目数量比以前更少。飞机本身具备自我诊断功能，可以为我提供有效线索，让我们知道哪个部件需要现场更换。因此，在我们确定解决方案之前，不需要花之前需要占到维修工时一半的时间去诊断故障。如果你更换一个组件或模块，雷达系统还能照常工作——没有人需要试图调整设置来‘欺骗’系统，让其跳过限制进行工作，也不会让其他模块失去同步。你把有毛病的那个部分更换掉，整个系统就又能工作了。仅此一项，就能大大减少停机时间，毕竟你不必在大修后等待几周才能看到维修成果。没有交叉手指祈祷，没有炼金术——一切都按照设计的流程去工作。这真的做到了‘即插即用’——你拔下一个组件，在原来的位置插上另一个，然后，你的活儿就干完了。

“这就是说，你仍然要知晓并理解一切需要用到的技术和理论，它们是如何结合在一起的，雷达、燃油系统和发动机背后的实现原理。因为尽管这些子系统之间是‘黑盒出，黑盒进’的关系，但你依然需要能够解决这些问题——是什么原因导致故障 X 或者故障 Y 的发生？我们仍然需要我们的技术人员像以前一样熟练，只是他们现在有了不同的专业技能组合。

对页图：检查 APU 排气口是否有异物。（尼克·罗宾逊供图）

下图：检查大气数据传感器。（尼克·罗宾逊供图）

对页图：更换机匣滑油。（尼克·罗宾逊供图）

“我非常喜欢这一点的是，我们有一个真正的混合团队，他们是皇家空军的新鲜血液，只在‘台风’战斗机上工作过，也有来自‘鹞’式和‘狂风’战斗机机队的‘老师傅’，甚至还有先前维护过直升机的技术人员。所以他们带着过硬的本领进入这个团队，我们将所有的技能融合在一起，这使得这些人，从个人的角度，能成为比之前更优秀的技术人员。

“在工程方面，‘台风’战斗机没有任何短板，这点和‘狂风’或‘鹞’式战斗机很相似。‘狂风’F3战斗机的雷达就其有效性来说，是非常优秀的，但是很难用。对于‘鹞’式战斗机，你总想让发动机输出适量的推力，让飞机稳定悬停，但这需要长时间的训练和技巧才能做到这一点，我总是觉得这有些讽刺意味，训练了好久，才练出仅有表演价值的技术。‘台风’战斗机可没有这样的‘阿喀琉斯之踵’。

“事情往往会有循环往复。我们可能会有两周左右的时间要花在对付电源问题上，但随后这些问题就会消失，我们将进入一个似乎没有问题的时期。一般来讲，因为飞机有比较完善的自我监控的功能，它往往会在故障发生之前告诉我们，所以问题不会有机会发展到故障那一步。

“我们在‘台风’战斗机上很少看到撞鸟的迹象。如果小型鸟类被吸入进气口，我们很可能对此一无所知，因为一旦它们被吸入发动机，就会瞬间被切碎，消失在高速燃气中。一两只小鸟面对EJ200喷气发动机的涡轮叶片和燃烧室的高热，简直不值一提，都够不上公平的量级！通常你只有闻到进气道内有血腥味或者在进气口整流罩上看到一些血痕，才会知道吸过鸟了。另一方面，如果发动机将飞鸟吞噬干净，并且鸟没有碰到边沿，就被吸入、燃烧、排出，那么我们永远不会察觉发生过撞鸟特情。

“从工程角度来看，‘台风’真的是一架令人惊叹的飞机——善于高速飞行，所以当其高速飞行时，我们不会有任何问题。它善于长途飞行，当飞行员驾机长途飞行时，我们不会遇到任何问题。它可以在炎热并且阳光明媚的天气下运行，所以在这类天气下运行，我们同样不会遇到任何问题。话说回来，任何东西——不管是手表、汽车还是飞机都不宜长时间暴露在直射的阳光下，所以我们采取了预防措施，将飞机停放在遮阳机棚下面。

08
GYR 142 002
CAUTION

加油作业团队和加油车。
（尼克·罗宾逊供图）

上图：加油操作员正在作业。（尼克·罗宾逊供图）

“‘狂风’GR4 战斗机部队目前在阿富汗部署有 5 个中队，所以他们能够轮换，有一定程度的缓冲空间。而‘台风’部队只有 4 个作战中队，而且还得从现有资源中抽调飞机和飞行员去执行快速反应警戒（QRA）任务，执行该任务的地点分别为英国本岛的皇家空军卢查斯和康宁斯比基地，以及远在地球另一端的马尔维纳斯群岛，我们必须为这些任务提供飞行员和工程师。‘鹞’式战斗机部队只有 3 个中队部署在阿富汗，但飞机和人员在不断地轮换，这意味着他们的力量过于分散——并且他们没有像 QRA 那样的任务。‘台风’战斗机没有理由不去支持‘海立克’行动。

“我们的角色也有战略性的一面。例如，为保障 2012 年伦敦奥运会的空防安全，我奉命组织了中队在皇家空军诺索尔特基地的部署。这次部署有很多地方和之前不同。例如，我们要移防到一个以前没有任何设施的地方——我们接管了诺索尔特基地一半的滑行道，但这不够用，滑行道必须为我们扩建。他们还搭建了简易飞机掩体给我们停放飞机和存放储藏箱。我花了很多时间，根据我们的需要构建了 IT 网络，将我们需要的通信设备（包括电话和电脑）和其他设备接入网络。我还要跟爆炸物许可人员进行联系，告知他我们的需求，让他们知道我们必须做什么事情，但我们要在他们的限定范围内进行操作，保持与基地其他设施的安全距离。我和诺索尔特当地的工程师建立了联系，他们当中既有现役的机务工程师也有来自民间的工程师，这样我们可以提前知道在哪里可以从何处获得支持。我们操作的武器弹药是实弹，所以必须确保我方人员意识到我们在康宁斯比的工作方式和他们在诺索尔特有什么不同。请记住，在康宁斯比，我们有一个历史悠久的永久基地，而在诺索尔特，我们只是在奥运期间临时建立了一个基地。

“我们驻扎在那里，意味着我们必须对诺索尔特机场的其他用户加以限制，因为我们在那里操作的是配备实弹的高速喷气战斗机，而在那里起降的航空器大多是私人喷气公务机、皇家空军的勤务飞机和直升机。然而这些不速之客可能给我们带来多少状况和不便，但这些事情对基地常驻中队和人员来说会更加难以应付。当我们把南部快速响应警报任务和诺索尔特基地的空防任务衔接得天衣无缝，我很难想象基地的常驻人员将来看到我们离开时会多么的沮丧和不舍。”

史蒂芬妮·怀尔德中尉

史蒂芬妮·怀尔德中尉（Stephanie Wild）是第 11 中队的两名初级工程军官（JENGO）之一，这是她完训后的第一个工作岗位。

“我在 2008 年 2 月开始初级军官培训（IOT），并在同年 10 月获得委任。在完成 IOT 培训后，我开始了在英国皇家空军克伦威尔基地航空工程防务学院的第二阶段工程专业培训，学时共 30 周，学成后获得工程学学位，包括专业课程模块、工程管理和为期两周的在飞行中队的模拟设备训练。在工程军官基础培训（EOFT）期间，我被告知分配到第 11 中队，成为该中队的两名初级工程军官之一。自从完成培训，后面的时间过得就非常快了——我周五从 EOFT 毕业，接下来的周一便到达皇家空军康宁斯比基地，紧接着在周三飞往土耳其。我工作的头 3 周是在土耳其参加‘安纳托利亚之鹰’演习。在这次演习中，我花了很多时间和同班次的伙伴们奋战在一线，努力地尽可能多地了解机载系统。这对第 11 中队及其装备的‘台风’战斗机都是一个非常好的开端。当我回到康宁斯比基地时，已经能够参与地面运行了。

对页图：史蒂芬妮・怀尔德中尉在部署阿富汗期间留影。（史蒂芬妮・怀尔德供图）

“在克兰韦尔培训的首要目标就是成为初级工程军官。思维逻辑、专业训练和业务实习都和成为中队里的初级工程军官紧密相连，并且对你的具体角色必须做出明确的定位——我非常荣幸地在首次服役时就成为第 11 中队的初级工程军官。

“我每天的工作时间通常是从 7:00 左右开始，我会检查哪些喷气机处在适航状态，以及当天的飞行计划需要什么准备工作。我们在 7:45 召开机务工程简报会议，在简报中我们可以看到工作要求以及各项工作的优先次序。这一天的工作重点是维护飞行计划，处理计划中的任何变化点或工程任务中出现的问题。通常我们会执行 4–4–4 的飞行计划——3 个批次，每批 4 架飞机，不论昼间还是夜间。中队排了两个机务班次，每班的人员包括一名初级工程军官、一名上士军官和由机械师、航电和军械技术人员组成的团队。每个班次实行一周白班和一周夜班，定期轮换。夜班时间通常为 16:00 到 02:00，但下班时间取决于正在维修的飞机的工作量。作为一名初级工程军官，经常要被动接受任务，你不断要在时间紧迫的时候果断做出决定——如何充分利用现有的飞机，满足飞行计划，并提供给飞行员合格的装备，达到训练目标。

“我现在已经获得‘台风’战斗机‘红绿灯’资格，这是工程军官在一架飞机上签署限制（LIMS）和可接受的延期故障（ADF）所需的关键工程授权。通常要 3 到 6 个月的时间才能获得‘红绿灯’资格，在此之前，中队的准尉和上士会参与这些决策。他们和高级工程军官会对你在飞机各系统和思维逻辑中涉及的关键工程决策进行指导。如有必要签署 ADF 或 LIM，那我会做自己的评估，并基于不同的因素做出决定。

“作为一名初级工程军官，你不会自己在飞机上干活，上级也不指望你对飞机上的每处细节了如指掌。这就是训练专业人员的目的，他们是各系统的专家，有着丰富的培训和实践经验。而初级工程军官的职责是监督更广泛的工程情况。就工作满意度评价而言，最高评价就是飞行员说，‘感谢各位工程师，给了我这么一架美妙的飞机——所有部件的工作状态堪称完美！系统运行良好，给予了我完成本次飞行所需要的一切’。这个绝妙的‘五星好评’来自你看到的飞行员努力精飞，机务工程师一丝不苟，当两者产生合力，得到一个良好的结果时，这感觉真的棒极了！”

EINSA

英国皇家空军的技术人员在皇家空军康宁斯比基地的加固机堡（HAS）内检查一个超音速油箱（SST，也称外挂副油箱）。（尼克·罗宾逊供图）

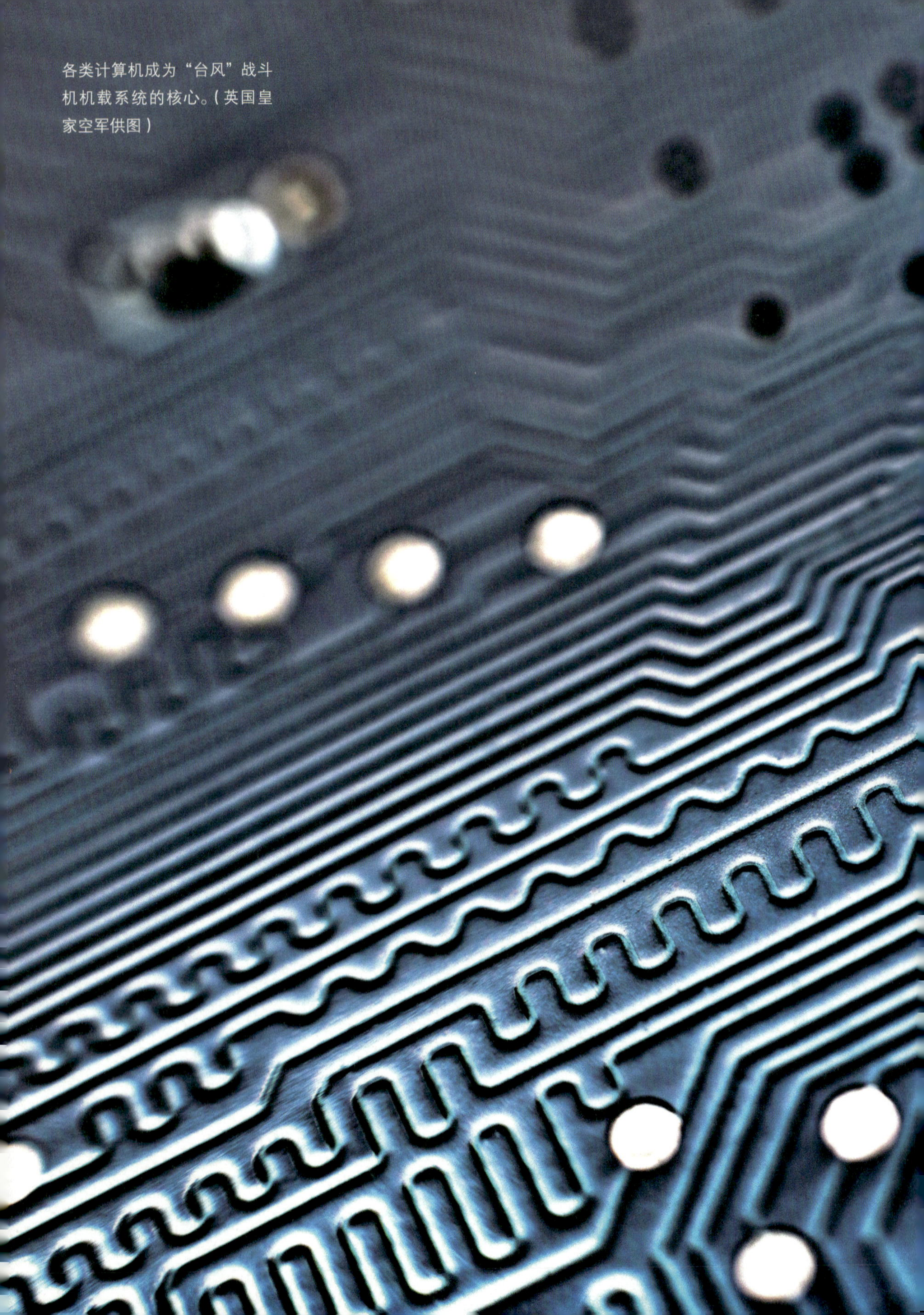

各类计算机成为“台风”战斗机机载系统的核心。（英国皇家空军供图）

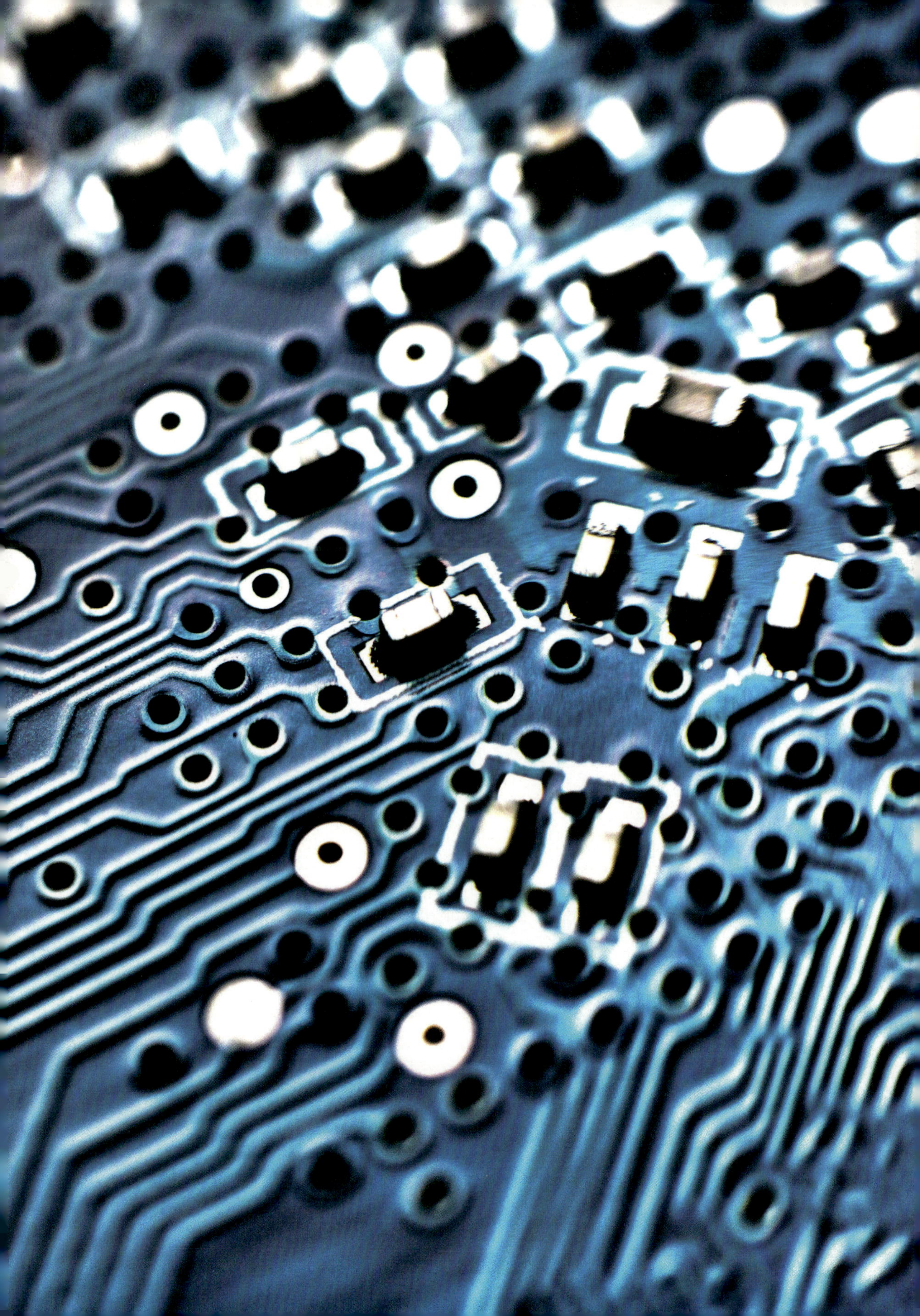

技术军士约翰·迈克罗尔

技术军事约翰·迈克罗尔（John McCarroll）在他当班时负责第11中队的航电设备维护，向当班的初级技术军官汇报工作。他在加入“台风”战斗机中队前，维护过“美洲虎”攻击机和“狂风”战斗轰炸机。

“我负责维护‘台风’战斗机上的航电设备，包括导航、雷达、火控系统计算机、‘禁卫军’防御辅助子系统、激光指示吊舱（如果挂载的话）和飞控系统——哦，对了，还有显示器。所以呢，基本上，就是要管整架飞机！

“‘台风’战斗机上面先进的机载系统使其航电维护团队的工作方式与之前的机型大有不同。你可以把这些系统中的大多数看作家里的电脑——如果你家里的电脑出现问题，通常情况下，你关机重启，问题就解决了。‘台风’战斗机上面装有多台计算机，其中一台出现小问题，你就会听到‘断电，重新上电’的口令。这就是维护人员要做

下图：维护数据显示屏和操作面板。（本书作者供图）

的——他们会断开飞机的电源，然后重新接通供电，并重启系统。这十有八九能解决问题。

“从运维的角度看，显而易见的是，当飞机返航后，很可能会有软件方面的问题，所以重装软件系统是家常便饭。如果软件损坏——就像个人电脑的软件由于注册表损坏而挂起一样——那么简单粗暴的重装软件，就能让一切重回正轨。

“我们在维护时会用到诊断工具——数据总线测试装置——这样我们就可以在线分析软件运行情况。根据维护的具体系统，机身侧面有一个通用载入接口，我们可以将配置线直接插入此接口，进行系统配置。通常情况下，就像机箱里面的 RAM 内存条坏掉后，直接拔下并更换良品即可，整个过程就这么简单。

“很明显，我们确实会遇到比这更复杂的问题——我们有两路光纤通道高速数据总线，A 总线和 B 总线，也有低速总线。各种排列组合，会让问题变得复杂。

下图：坐在座舱内的航电技术人员。（尼克·罗宾逊供图）

TURN
TO
LOCK
TURN
TO
LOCK
MARTIN-BAKER CO. LTD.

本页图与对页图：马丁·贝克 Mk16a 弹射座椅是现有量产弹射逃生系统中最先进的。（尼克·罗宾逊/安东尼·洛夫莱斯供图）

"光纤对灰尘和油脂非常敏感，只需要沾上一点点就会引发问题——一些人会把插头拔下来并擦拭，不经意间会将插头上或其他地方的油脂蹭到插头上。最近因为这个，引发了一系列问题，但是很容易解决——我们使用专门的清洁工具，也有一个专用探测器，用来查看光纤光缆本身有没有损坏，如点蚀或结疤。当前，从工程的角度看，我们唯一怵头的地方——我猜你会叫它要命的工作——就是维护DASS。该系统需要制冷剂维持稳定运行环境，所以我们在考虑对其进行任何维护工作之前，都要倒出制冷剂，称重，测量，然后更换制冷剂。这是一个非常耗时的任务，时长取决于需要更换什么。有的时候，即使你把所有能做的都做了，也解决不了什么问题，唯一留下的印象，就是长时间仰头工作——脖子疼，太消耗时间了。

"除此之外，火控系统（ACS）也让我们感到头疼。有的时候，数据总线会发生过载——一架飞机上挂着两枚炸弹是令人感到开心的，有了第3个，就麻烦了。因为你处理的是数据总线，可以简单地解释

下图：维护和工程计划调度人员。（尼克·罗宾逊供图）

为，一条通道出现故障，那么另一条通道的流量就会暴增。在软件系统中，信息必须在特定的时间在特定的地点出现，如果不存在，系统就会忽略它。很明显，火控系统是重要的机载系统，当飞行员选择一枚炸弹或一枚导弹，并按下‘投放’按钮或扣下扳机时，他希望有正确的响应。如果按下按钮，什么响应都没有，那么这一天他都得提心吊胆！

“我们必须做的任何包含更换线缆或光缆的维修工作，都不会是五分钟左右就能完事的，所以你的内心会万马奔腾，对任务的预期不由自主地抱怨——这不是你希望做的事情。当然了，考虑到布线的复杂性和密集性，你需要非常确定地保证你要更换的部分正是问题的核心。那里没有太多的儿戏，如果牵涉到太多，这个问题就会升级到‘大楼里的专家’那里，二线工程团队中 BAE 系统公司的那帮家伙手中，让他们制定解决方案。我们提出服务需求，他们会将信息反馈给我们。

“航电系统位于飞机座舱附近，是我们工作的核心对象，就像一组功能各异的黑盒子，但是，接触到这些黑盒子是一件痛苦且困难的事情。航电设备舱盖板由大约 30 枚螺丝固定在机身表面，在你开始干活儿前，你必须一个个将这些螺丝拆下来并妥善收集起来！

“我们要维护你在座舱中能看到的几乎所有东西，这些设备都是在我们维护职责范围之内的。平视显示器、多功能下视显示器，还有，在很大程度上，一切与 HOTAS 相关的设备，都归我们维护，只要有故障影响到这些设备和功能，我们就得去处理。很多与作战相关的功能还有油门杆及底座，也是我们的职责范围。令我们欣慰的是，多功能下显以及座舱内的大部分组件，可靠性都不错，并没有给我们带来多少麻烦。

“‘台风’战斗机优秀的可扩展性和升级潜力在其 HOTAS 系统上体现得淋漓尽致。显而易见，飞机刚服役的时候，是首先作为喷气战斗机来使用的，所以各项功能的设定都是围绕着空战来进行的。但 HOTAS 上有一个切换按钮，可以让我们通过编程赋予它更多的功能。因此，随着飞机扩展多用途能力，我们可以在操纵杆的按钮和扳机上，为其分配更多附加的功能。

“尽管我说了很多关于这种飞机负面的看法，但大家必须正确看待它，因为从工程角度，它做得相当不错，事实上是无与伦比的。与我之前维护过的飞机，‘美洲虎’和‘狂风’相比，完全不在一个档次上。相比之下，这种飞机让我们的工作变得更加简单，所有的项目都非常直观。我想我会把它比作一辆当代的汽车，你可以在多功能方向盘上用指尖控制车载娱乐系统、平视显示器、自适应大灯、智能监控系统（如果发生车祸，系统可以自动拨打 999 电话）、电视屏幕和车载互联网，还有倒车摄像头。而 30 年前的宝马或梅赛德斯·奔驰的高端车型，当时最先进的技术应该是自动节气门。如果拿‘台风’和‘狂风’战斗机进行类比，也是这样。”

技术军士乔纳森·萨尔特

技术军士乔纳森·萨尔特（Jonathan Salt）是第 11 中队的军械主管。在上手“台风”战斗机之前，他在装备“美洲虎”“狂风”和“鹞”式战斗机的部队服役过。

“军械主管目前负责‘台风’战斗机可用的所有武器装备——炸弹、导弹和航炮。我的职责还包括弹射逃生系统，所以 Mk16a 弹射座椅和所有相关设备也属于我的职责范围。

“台风”战斗机的自主诊断和报告功能

工程师们每天面对的大部分问题都是与航电设备相关的，但“台风”战斗机的自我诊断系统可以让皇家空军的技术人员很方便地访问任何与飞机维护状态相关的数据。他们可以通过两条途径来查找问题。

其中之一是在机身专用舱室内的维护数据面板。工程师们可在此面板上查看和分析飞机的所有系统。另外就是飞机上有便携式维护存储（PMDS）设备，这与传统的可移动存储设备没什么本质区别，俗称“砖块”，工程师可以很便捷地将飞机的飞行参数和维护状态的数据下载到一套名为“工程支持系统”（ESS）的信息管理系统中。每次飞行结束后，工程师们取出 PDMS，将其数据下载到 ESS 中。随着时间的推移，历史数据形成了一幅可详细分析飞机及其历史飞行记录的全方位的图像。他们可以据此回顾每架飞机的历史，一眼就能看出哪个组件出现了老化或应力损伤迹象。

ESS 允许工程师评估每架“台风”战斗机的适航性、系统和发动机的状态，为工程师提供一系列数据信息，涵盖从发动机工作极限到机身结构过载承力情况的所有内容。任何潜在问题都可在诊断中快速发现，在影响到飞行员正常飞行之前就提示给地勤人员，进行后续处理。

“Mk16a 弹射座椅是一个令人惊叹的工业杰作，是马丁・贝克公司生产的最先进的弹射座椅，但仅称之为弹射座椅听上去又太陈腐。这实际上是一套逃生系统。这些家伙们的业务学习中也包括操作使用该座椅——他们在皇家空军考斯福德基地学习弹射系统的基本知识。在皇家空军康宁斯比基地的军械‘Q’课程中也加入了此项目，最后一个阶段是年度训练，以确保他们的状态是安全的，并了解所有的相关程序和安全要求。

“在中队一级，我们要在飞机上进行设备的拆卸到安装在内的所有工作。这包括拆下座舱盖，以便拆出弹射座椅。我们更换了弹射座椅的火药筒和许多基础部件，如手臂和双腿的约束线等。

“Mk16a 弹射座椅是比安装在‘美洲虎’‘鹞’和‘狂风’战斗机上的 Mk9、Mk10 和 Mk12 复杂得多的系统。这些老弹射座椅虽然不是‘简单的系统’，但却是由机械驱动的。这意味着它们有特定的时序设置，一切都要按标准顺序工作，纯机械控制。而 Mk16a 是数字机制的，不是模拟式的，相对于前代产品，是一个大的飞跃。它实际上是根据预先编程设定的参数来控制何时以及如何将飞行员从弹射座椅上分离出来。除此之外，它仍然具备与其他任何弹射座椅相同的特性，在极端情况下，弹射座椅带着飞行员从飞机座舱中弹射出来，然后人椅分离，在分离之前，同样可以保证飞行员的安全，直到环境参数满足分离条件，实现分离和开伞。

“至于其他工作职责，我们还要维护‘台风’战斗机任务角色相关的装备和设备，包括挂架、航炮系统和外挂副油箱——副油箱可在超音速阶段使用，每个重达 1000 千克。我还负责红外诱饵弹抛射系统，并且要与火控系统（ACS）关联，尽管这是航电技术人员的职责范围。”

TYPHOO

一架在利比亚“埃拉米”行动期间执行任务的英国皇家空军“台风”战斗机向我们展示了增强型“铺路”II激光制导炸弹和先进中距空空导弹。（英国皇家空军供图）

7 服役中的“台风”战斗机

“我在实战飞行中第一次投射武器的目标是利比亚丛林中的两辆 BTR60 装甲运兵车（APC）。我向友机通报了这个情况——我和一架‘狂风’GR4 组成双机编队，所以我们转过去目视确认了一下，我俩共投射两枚增强型‘铺路’II 激光制导炸弹，全部命中。”

——第 3 中队飞行员尼克 · 格拉汉姆上尉

马尔维纳斯群岛

在距离马尔维纳斯群岛斯坦利港 35 英里的芒特普莱森特（Mount Pleasant）驻有英国三军驻军，共 2000 多人，保卫着英国在南大西洋的利益。自 1833 年以来，英国一直在马尔维纳斯群岛驻军殖民，从英国的角度看，该群岛被他们认定为联合王国的海外领土。因此，马尔维纳斯群岛需要英国来保证安全。英国在南大西洋的其他领地，南乔治亚和南桑德韦奇群岛也在英国驻马岛部队的防区范围内。

1982 年马岛战争之前，英国仅象征性地在马尔维纳斯群岛驻扎了 100 人左右的皇家海军陆战队人员维持军事存在，这根本不是阿根廷军队的对手，随后马尔维纳斯群岛很快被阿方占领。马岛战争中，英国远征军夺回该群岛（协同行动），战后英国投入大量人力物力在群岛驻防，核心要塞是芒特普莱森特，于 1985 年建立，取代了之前在斯坦利港的基地。所以，该基地是英国皇家空军最新的基地，而英国的主要空军基地，历史可以追溯到 1931 年。

当游客抵达马尔维纳斯群岛后，会首先注意到岛上的灯光，清晰度和明亮程度与世界上的其他地方都不一样。由于大气中没有灰尘和污染物，人的眼中拥有纯净、完美的视觉体验。夜空繁星闪耀，没有大城市光污染的影响，有效地保护了南半球自然明亮的夜景。这种清澈很大程度上得益于这些岛屿的地理位置——斯坦利港是世界最南端的城市——而且，这些岛屿人口稀少。马岛的地理面积大致相当于威尔士，岛上居民只有 2400 人，其中将近 2000 人生活在首府斯坦利，该市的规模和人口相当于普通的英国村庄！此外，群岛的地理位置——距南极洲仅 900 英里，距离任何主要的人口中心都有一段距离，使夜空星光不受到地面光源影响。

你注意到的第二点，特别是如果你是第一次乘飞机抵达芒特普莱森特空军基地的来访者，会遇到两架英国皇家空军的“台风”战斗机为你的座机护航，两架战斗机在每侧翼尖外侧编队飞行。从距离本岛 200 英里，高度 10000 英尺开始护航。他们护送着每一个进出港的商业航班降落到地面或者飞往目的地。但这不是为了取悦乘客而策划的公关活动，这是最主动的提示，确切地说，这是为什么英国要在这个南大西洋门户驻军，距离英国本土 8000 英里，途中要飞行 18 个小时。

共有 4 架“台风”战斗机部署在马尔维纳斯群岛，他们的机组人员从英国的 4 个正式的“台风”战斗机中队中抽调而来。他们在驻防马岛期间，组建了 1435 飞行队，是马岛的本土防御中队。所有英国皇家空军的战斗机飞行员都要到 1435 飞行队进行轮换，唯一的门槛是他们必须具备必要的气象条件的飞行资质。他们每个人的驻防时间为四周，在整个服役周期内，他们预计一年大约会回来 3 次。

组成 1435 飞行队的飞机根据传统，分别被命名为“信仰”“希望”“慈善”（沿用了第二次世界大战早期驻防马耳他的 1435 飞行队的 3 架格洛斯特“斗士”战斗机的命名）和“绝望”号。该飞行队一直保持着与马耳他的传统联系，一直到 2009 年，当时驻防的“狂风”F3 战斗机上还绘制了马耳他十字勋章。2009 年 9 月，“狂风”战斗机由现在的 4 架“台风”FGR2 接替。虽然这 4 架飞机没有沿用传统的命名，也没有绘制马耳他十字标记，但垂尾的英文字母代码（F、H、C、D）与这 4 个名字的英文单词首字母对应，也是对辉煌的过去的深情致敬。

接替“狂风”F3 战斗机驻防马岛、重组 1435 飞行队的飞机由 4 架“台风”战斗机和一架负责运输保障的“大力神”运输机组成。5 架飞机——ZJ944、ZJ945、ZJ949、ZJ950 和 ZK301（“大力神”运输机）在 2009 年 9 月 12 日离开英国本土，飞往马尔维纳斯群岛。这次部署，总共需要来自 4 个中队的 10 架支援飞机，共计飞行 280 小时，95 名保障人员，以及驻防的主角——战斗机和机组人员。

这些飞机由第 101 中队的 VC-10 空中加油机提供伴随空中加油保障，一同前往阿森松岛，此次远航分为两段，利用加那利（Canary）群岛作为前往马尔维纳斯群岛的经停站。英国皇家空军的“大力神”运输机和“猎迷”巡逻机为长途海上飞行提供物资运输和搜救保障，并携带了救生设备和备用救生筏，万一发生事故需要紧急弹射跳伞，可以向落水的幸存者投放。

总体上看，每架“台风”战斗机全程要经过 7 次加油。一架 VC-10 空中加油机长期部署在马尔维纳斯群岛，在需要的情况下，该机可随时提供空中加油服务，保障转场飞机末段航程的燃油需求。该机还起到了应急保障的作用，转场飞行时间长达 9 个半小时，如果航路天气意外恶化，该机提供的燃料可以让“台风”改变航路，到南美国家备降。

F
ZJ944

2010年8月13日，1445飞行队的“台风”战斗机飞越马尔维纳斯群岛。(英国皇家空军供图)

一架1435飞行队的“台风”战斗机正在执行快速反应警戒任务，此时正在向左急转远离镜头，飞机的前缘缝翼和襟副翼已经动作，鸭翼不断微调，保持飞机姿态稳定。（英国皇家空军供图）

F

1435飞行队的“台风”战斗机的垂尾标记图案。（英国皇家空军供图）

“台风”编队在9月16日抵达芒特普莱森特。ZJ945号机随后返回英国皇家空军康宁斯比空军基地，其余飞机留在了这个英国位于地球最南端的基地。那么他们为什么待在这里呢？

英国政府每年至少投入8000万英镑在马尔维纳斯群岛的防御上，大约相当于阿根廷全年的军费预算。负责岛上防卫的人员数量几乎和岛上居民人口一样多。如果岛上居民不再担心阿根廷方面的军事企图的话，这笔钱或许能省下，但是未来是不确定的，因此，在芒特普莱森特部署防御部队是非常必要的。

马岛地区周围的外国军事存在也不是纸老虎，尽管阿根廷经济发展不振，其政府也明确表示只通过外交途径来寻求相关主张，但“台风”战斗机还是经常紧急起飞，警告和驱逐接近马岛并试探进入150英里范围内海域专属经济区容忍底线的阿根廷船只和飞机。

1435飞行队是这项驻军政策的最重要的组成部分，是英国政府的矛尖，在那里保护马岛和附近地区不受任何可感知的威胁。阿根廷仍在坚持其对马岛的主张——而1982年加尔迪埃里政府试图通过武力夺取这些岛屿的经历依然记忆犹新——1435飞行队的4架“台风”战斗机是对阿根廷政府这种短视计划再次上演的显而易见并且实际的威慑。如果需要的话，增援部队很快就能飞过来驰援。

芒特普莱森特基地的主跑道据说比大多数空军机场的跑道都要宽，使飞机起降时，能有更多的余量来修正当地频繁的强侧风的影响，机场的跑道是岛屿防御的重要组成部分。增援部队可以在短时间内从阿森松岛飞过来，而阿森松岛位于英国和马岛的中间地带，调动起来非常方便。如果需要的话，英国皇家空军可以派运输机从本土直飞马岛芒特普莱森特，途中空中加油延续航程。

英国武装力量的另一个优势是为马岛提供无与伦比的训练基础设施。原因很简单，世界上没有其他地方能有能力为英国的军队提供同样的训练。无论是部队进行实弹演习，还是练习拦截低速目标以及1435飞行队的“台风”战斗机低空攻击训练，马岛所在的地理位置还有稀少的人口数量为部队训练提供了天然的训练场，这在全世界范围内都难以找到如此合适的地方。当地所有空域都是不受民航管制的，没有飞越当地的民航航线，非常适合磨炼超低空飞行技术，这是战斗机飞行员需要掌握的一项重要技能，除非经常练习，否则会很快生疏，这在英国本土是无法做到的。

也许当代的新闻可以佐证马岛在训练方面带来不少收益。当你在新闻中看到关于载有可疑包裹的商用客机的相关报道，或者“台风”战斗机从皇家空军康宁斯比或卢查斯空军基地紧急起飞拦截迷航误入禁区的直升机时，你可以看到飞行员们在马岛驻防期间磨炼出来的技能。中肯地说，普通乘客搭乘飞机去度假的途中，看到战斗机在他们的飞机附近伴飞，心里可能会有恐慌情绪，但英国的战斗机飞行员需要训练的机会，他们越来越多地被要求在“9·11”恐怖袭击后，提高拦截可疑客机的能力，而马岛附近空域，就是进行此类训练的最佳场地。

战斗机飞行员和他们的地面指挥员还能去哪里演练引导一架价值6500万英镑的喷气战斗机伴飞监视拦截一架满载的客机的战术流程呢？航线合同中注明，国防部知会执飞马岛航线的航空公司，英国皇家空军的战斗机可能会演练拦截飞往芒特普莱森特的商业航班，请机组和乘客不要惊慌。

鉴于芒特普莱森特空军基地的地理范围狭小，没有其他地方聚集如此大范围的军人和装备，战斗机指挥官可以引导“台风”战斗机模拟拦截直升机、客机或低速的轻型飞机。“大力神”运输机可以在机场范围内进行低空空投演练，同时驻防的“轻剑”（Rapier）地空导弹可以模拟演练跟踪并“击毁”“来犯”的飞机。演练完毕，相关人员一起对当天的行动进行总结汇报。

简而言之，马尔维纳斯群岛为英国军队提供了一个无与伦比的机会来训练和磨砺他们的作战能力，同时也要保护英国最后的海外领地之一。这是无价的。

“埃拉米”行动

“台风”战斗机的首个实战战果

2011年2月17日，中东地区正值“阿拉伯之春”运动时期，穆阿麦尔·卡扎菲上校开始动用军事力量镇压本国的动乱。随着暴力行为的升级，英国以“防御行动”的名义从利比亚撤离英国和其他外国公民。

在2011年3月17日傍晚早些时候的一次联合国安理会会议上，法国、黎巴嫩和英国提出了一项新决议——1973号决议。该决议为军事干预利比亚内战奠定了法律基础，决议要求“立即停火”，并授权国际社会建立禁飞区，使用“除外国占领之外的一切必要手段保护平民安全”。

10个安理会成员国投了赞成票，5个投弃权票，没有反对票，于是，1973号决议正式通过表决。

1435飞行队的3架“台风”战斗机飞越马尔维纳斯群岛。（英国皇家空军供图）

SCHOPF
LL 17 AB

一架“台风”战斗机在皇家空军康宁斯比空军基地整备完毕，准备起飞，前往利比亚禁飞区，增强巡逻力量，确保联合国 1973 号决议的履行。（英国皇家空军供图）

当天 22：00，英国皇家空军康宁斯比空军基地指挥官萨米·桑普森（Sammy Sampson）上校在军官食堂吃饭时被打断了。匆忙回到办公室后，他接到了空军司令部总部打来的电话，命令他为手下的"台风"战斗机可能的海外部署做好准备。仅仅两天后——3 月 19 日，星期六——第 11 中队的 12 架"台风"战斗机整装待发，做好了部署的准备。

这不是一项容易完成的任务——战斗机必须从训练状态中转换出来，直接为实战环境做好准备，这项任务落到了第 3（F）中队和第 29（R）中队人员的头上。通常情况下，场站需要三四天的时间来整备一架飞机。而实际上，他们只用了 36 个小时就整备好 12 架飞机，付出了超人般的努力。虽然第 11 中队在飞机技术状态和机务业务水平上处于领先地位，但在飞行方面，绝对需要整个联队的努力才行，第 3（F）和第 29（R）中队的飞行员参与执行这次的飞行任务。

从国防部的角度来看，"台风"战斗机是完成这项任务的最佳选择。这些飞机参与执行快速反应警戒（QRA）任务，因此它们已经按照防空作战的要求进行了配置——这只是保护不同空域的一个案例。这些飞机的部署地点在意大利南部的乔亚·德尔科勒基地。3 月 20 日，星期日，10：30 电话打过来时，"台风"战斗机和机组人员已准备就绪，等待着一声令下。他们在 13：00 起飞出发。当天下午晚些时候，桑普森上校作为远征空军联队（EAW）的指挥官搭乘飞机离开，这也需要动员 19 人组成远征司令部。他们和大约 31 名地勤人员在"台风"战斗机着陆大约 3 小时后到达了乔亚基地。

情况紧急，很显然，他们一到达就得紧急起飞。虽然利比亚飞机带来的空中威胁几乎不存在，但其对利比亚平民的威胁却是真实和直接的。第一批"台风"战斗机在周一早上抵达后，在 24 小时内就转入作战状态，以强化对禁飞区的管控。

利比亚空军可能已经转为中立态度，但在利比亚上空飞行的英国皇家空军飞行员很快意识到，利比亚尚存的防空火力、主动雷达制导的地对空导弹（SAM）和防空火炮（AAA）构成了对他们的重大威胁。虽然"台风"战斗机装备了防御辅助子系统（DASS），但尚未经历实战检验。很快，DASS 的实际表现展现了其价值，所有的顾虑很快就被抛到了一边。

指挥部分配给"台风"战斗机各种各样的任务，起初是"台风"双机编队，但很快开始与"狂风"GR4 战斗轰炸机混合编队飞行。卡扎菲的部队正在攻击平民，米苏拉塔（Misrata）正在被围困，首都的黎波里市中心有很多武装人员在活动，全国各地都有军用机场，停放在机场内的军机很可能会对平民发起打击。在后勤保障方面，战斗空中巡逻（CAP）是一个不小的挑战，特别是考虑到90%的人口居住在600到800千米长的海岸线附近。

此外，“台风”战斗机的飞行员还要时刻做好准备，保护支援他们作战的飞机——空中加油机、预警机和其他联军飞机。“台风”战斗机确实适合执行这类混合任务；他们经常一次飞行穿插3个独立的空域，航程超过800千米。

随着战线扩展到更加广阔的地理区域，并且在任何时间，空域内都有大量的联军飞机在飞行，上一代战斗机的飞行员可能已经被眼前看到的复杂的空情弄得不知所措了。不过在这里，给了“台风”战斗机大显身手的舞台。

正如桑普森上校所说：

“‘台风’战斗机通过多功能信息发布系统（MIDS）、雷达、通信设备和其他作战平台情报和功能整合的能力，具备了惊人的态势感知能力。我们有北约和联军的空中指挥和控制系统，但尤其是，我们与英国的‘猎迷’R1预警机和‘哨兵’战场监控飞机实现了高度协同。每当我们关注这个战场组合时，都感到是上帝的安排，我没有刻意在工程上设计和演练，但在实战中确实产生了这个组合，效果特别好。‘台风’能够从本机和联军飞机的传感器上获取信息，并将其融合，以一种直观有效的方式呈现给飞行员。我们的座舱中有非常好的显示器，并且人机交互已经为单座战斗机进行了彻底的优化。飞行员不必经常检查飞机及其系统的运行状况，可以真正专注于执行任务。如果你看过利比亚的情况，空情是十分复杂的，在地面上也是非常复杂和模糊的，而这恰恰是‘台风’战斗机擅长的领域，在座舱中没有明显的复杂性。飞机的设计理念是消除这种复杂性，所以大部分任务是在战场上空梳理解决这种复杂性，而不是在战斗机的座舱中。

“战场的情况很早就明了了，‘台风’战斗机的飞行员不会遇到对方空中力量的威胁和对抗，所以飞机很快重新挂载对地武器，进行对地攻击作战了，主要武器装备为雷神公司生产的增强型‘铺路’II激光制导炸弹和配套的‘利特宁’III目标指示吊舱。

“‘台风’战斗机的机载系统是高度整合的，不用考虑你是否处于对地攻击模式下。雷达还是原来那个雷达，探测到的信息不会消失，依然进行数据传输，以增强你的能力。我们不论是作为‘狂风’GR4或另一架‘台风’战斗机的僚机执行其他任务，例如战场监视（C-ISTAR）任务，或者执行对地攻击任务时，依然可以保持强大且可靠的对空探测能力。对空作战能力总是能切换到前台或者后台，或者在后台执行时，时刻准备着快速唤醒。”

PO J LONSDALE RAFVR
RESCUE

一架第3（F）中队的“台风”战斗机从皇家空军康宁斯比空军基地起飞，前往利比亚，执行联合国授权的作战任务。（英国皇家空军供图）

一架第3（F）中队的“台风”FGR4战斗机从意大利乔亚·德尔科勒空军基地起飞，翼下挂载了增强型“铺路”II激光制导炸弹、先进近距空空导弹（ASRAAM），机腹下挂载了“利特宁”III吊舱。（英国皇家空军供图）

视角回到皇家空军康宁斯比基地，第3（F）中队正计划接替轮换在乔亚基地驻防的第11中队。在联队长“迪奇”·帕图纳斯（‘Dicky’ Patounas）的领导下，他们有3个月的准备时间，可以以最佳状态抵达驻地。他们的时间表安排得极其紧凑——他们的部署正赶上整个行动中最繁忙、战场动态最活跃的阶段。他们的飞机比前任部队更少——第11中队入驻时有12架飞机，临近驻防结束时留驻的只剩6架了。第3（F）中队开始入驻时，只带来了6架飞机，轮换结束时只留下4架。两个中队的任务飞行总时数几乎完全相同，约为1500小时。他们的出勤率高达99%，当他们的驻留飞机数量只剩寥寥几架时，每架飞机的月飞行时数竟达到了100小时，而在英国皇家空军康宁斯比基地时，他们的月均飞行时数只有20~25小时。

这是一次战火的洗礼，飞行员们通常要飞6个半小时的任务。他们还要执行预先计划好的任务，这是他们参加庞大战役的一部分。正如“迪齐”·帕图纳斯所说，“你会在一个4机编队中飞行，而你所在的编队是多个4机编队组成的大编队的一部分，这个‘打手’军团可能有多达32或36架飞机。这是一个高度协调的行动，执行防御性制空、压制敌人的防空火力，并将联军库存的所有量级和种类的炸弹丢到敌人头上，以达到预期的效果。”

好在第11中队之前的基础工作做得非常棒，建立了朴实无华的前线基地，因此对于新来的轮换机组来说，更加舒适和完善。“迪齐”·帕图纳斯在这里详细讲述了“埃拉米”行动期间他参加的一次典型的作战行动：

“每次作战飞行，我们甚至在开始攻击前就飞越地中海。然后我们会深入内陆300多英里。有时候，这些家伙们会越过联合人员救援边界线，超出他们能得到救援的范围。于是，这样会将自己置于一个潜在的危险境地——虽然任务之前仔细计算过，但还是要冒险，无论如何，这需要不小的勇气。

“在我倒数第二次任务中，我和一架‘狂风’GR4战斗轰炸机组成编队，去班尼瓦里（Bani Walid）执行轰炸任务。在城区南面，我们发现一辆坦克在突破检查站，检查站旁边有一些人，我的飞机挂载的炸弹威力太大，容易伤及无辜，于是我们用‘狂风’GR4携带的‘硫磺石’导弹精准干掉了那辆坦克。

“然后我们奉命前往苏尔特（Sirte），因为据报告，有一些主战坦克开火了。等我们抵达现场上空时，天已经黑了，才发现是当地人在放烟花。我怀疑是海面上的舰队看到火光，认为是开火，但他们没有认出闪光是烟花。我们在焰火的现场上空围观了一个小时，确认下面活动的人是平民——我不知道他们为什么要放焰火！然后我们受调派，去了瓦丹（Waddan）。那里有两门车载多管火箭炮（MRL）和两辆支援车，这会给平民造成极大威胁，于是我们炸掉了这些车辆，然后返回基地了。

“那次任务持续了 7 小时 15 分钟。我先用大家熟悉的地理范围打个比方，描述一下我们跨越的距离，我们快速地从奥斯陆起飞，首先奉命赶往伦敦。用一个小时在伦敦上空搜索并摧毁了一辆坦克，没有伤及无辜的人员。然后奉命赶往巴黎，在那里，我们看了一个小时的焰火，之后根据命令，飞往卢森堡，炸掉了那里的 4 辆军车，最后返回奥斯陆。这很形象地表达了空中力量的覆盖范围、响应能力和打击的精确程度。空中作战力量所代表的一切都体现在那些飞行任务中。这些只是每日的常规任务。包括 4 次与空中加油机会合——我到那里，加满油，然后去班尼瓦里执行任务，再次加油后，去苏尔特，然后再加油，完事去瓦丹，炸完目标后，再去找加油机加些油，然后冲回家。

“每次空中加油都是在不同海域上空完成的，要知道，利比亚的海岸线足足有 500 英里。有的时候，你的余油不足，并且加油机也不在附近，或者和加油机会合了，但加油机有问题，不能给你加油，这就尴尬咯……你绝不会想让闪着红光的燃油告警灯亮起来，并前所未有地盼望很快能看到一架加油机，并且不在一场低风险的战争中。如果这是不列颠战争期间，那么我们会为女王和国家做任何事情。但是，根据我们知悉的指导方针，如果加油机发生故障不能进行加油，那么我们通常会留有足够的余量找到安全的备降场地。”

总之，“台风”战斗机、ISTAR 能力和高技术武器的结合，为英国皇家空军打开了新世界的大门，这种跨越，甚至可以与 2003 年“伊拉克自由”行动相提并论。“台风”在实战行动中展现了其情报获取能力，提供了足以左右战局的海量情报数据，使作战行动可以快速精准地展开，这在以前是不可能实现的。“迪奇”·帕图纳斯提供了一个案例：

“15 年前，我驾驶‘美洲虎’攻击机从乔亚基地出发，向北方目标出击，而不是像今天往南飞往利比亚。联军（科索沃战争期间）和‘联合保护者’打的是两场完全不同的战争。虽然，从某种意义上说，我们做着同样的事情。但在 15 年前，我们什么都做不了。我们能很好地发挥手里装备的作战能力，但这次与之相比，这次战争简直就是‘星球大战’一般科幻。我在两型飞机上都执行过作战任务，‘美洲虎’的态势感知能力和‘台风’完全不具备可比性。

2011年3月28日，一架第11中队的“台风”FGR4战斗机从意大利乔亚·德尔科勒空军基地起飞执行禁飞区巡逻任务，挂载了先进中距空空导弹和先进近距空空导弹。（英国皇家空军供图）

“我这辈子就没飞过比这更容易驾驶的飞机，但如果你掉以轻心，可是会深刻尝到教训的，因为有很多东西要处理，你可能会分心。你需要时刻掌控全局，一不小心，错误就会很快相互叠加，直到闹到不可收拾的地步！”

尼克·格拉汉姆上尉

“埃拉米”行动期间，尼克·格拉汉姆是第3（F）中队的一名一线飞行员。

“我是随第二批部队参加‘埃拉米’行动的作战部署的。我记得我们确定被派遣的那个晚上——我们在食堂吃着夜宵，机场长站在桌子上说：‘每个人都回家休息一下，明天早晨我要看到你们所有人都在这里。我们就要开赴战场了。’我出发的时候是6月份，深夜跨进“台风”战斗机的座舱，然后起飞，大约凌晨2:00抵达意大利，转场的过程就是这样。我在到达指挥室的那一刻，就清楚地意识到了这是实战，而不是演习和训练。地图用布蒙着，门口站着一个警卫，还有一个军械库，里面的人正在摆弄手枪。我在我们的驻地找了一个房间，然后就过去了。

“为卡扎菲卖命的雇佣军和试图夺回自己家园的利比亚人民之间爆发了很多战斗。我们得知雇佣军来自撒哈拉沙漠以南地区，他们通过多个中转站向北转移，我们掌握的情报表明这些中转站在哪里，以及用来做什么。我们尤其对最后一个中转站感兴趣，这似乎是他们的最终落脚点，所以他们应该是在那里获得了武器和装备。这些家伙们正在做一些非常令人感到恐怖的事情，我们的任务就是要对这种情况做点什么。

“我们起飞执行这次特殊任务时，已经是凌晨两点了，所以外面的天还很黑，我们要飞行大约600英里才能抵达任务空域。我在一个双机编队中飞行，我的僚机是一架‘狂风’GR4战斗轰炸机，由于‘狂风’不能飞得和我一样高或者一样快，所以他比我先起飞。稍后，我们有时要各自单飞，我会从僚机上方飞越，然后我们在加油机那里会合，进行空中加油。

“在这次特殊任务中，我们的‘台风’战斗机挂载了4枚增强型‘铺路’（EPW）激光制导炸弹，目标指示吊舱以及先进中距空空导弹和先进近距空空导弹——你可以想象，飞机上挂载了大量大威力弹药。我们这次出击一共有4架飞机，包括两架‘台风’战斗机，每架‘台风’各带领一架‘狂风’GR4担任的僚机。两架‘狂风’GR4先出发，我们从他们头上飞越，然后去加油机那里会合。在飞行途中，我们佩戴着夜视镜（NVG），飞越了当时正在喷发的埃特纳火山，所以，附近的景色是非常壮观的。从山上来的暖空气与云层中的冷空气形成强烈对流，导致我们遇上了前所未见的雷暴，雷雨云的高度突破了对流层顶部，一直到 40000 英尺甚至更高。通过夜视镜向前看，你看不到云，直到闪电从云层内部将其照亮，这个景观太难得一见了，甚为壮观。

“在奇观的另一面，是异常凶险的气象条件——一架‘狂风’战斗机运气爆棚，在雷暴中幸存了下来。当时他正穿过一片云层，钻进了雷暴中，雷电和冰雹将飞机表面打成高尔夫球的样子，布满了凹痕和破洞。他的飞机的机腹挂架上挂有一枚‘硫磺石’导弹，导弹头部的光学透镜被完全打碎了。‘硫磺石’导弹头部有一块碰撞引信面板，如果有冰雹直接撞到上面，那后果不堪设想。

“不管怎样，我们与一架美军的 KC-10 加油机会合，并加了一些油，然后两架‘台风’战斗机组成双机编队，继续飞往预定地点，那里基本上就是一间农民的小房子。我们有可靠的情报，里面有很多坏蛋，于是我们从目标上空飞过，并向其投掷了 8 枚‘铺路’激光制导炸弹，将其夷为平地。当我们完成这一部分任务时，看到太阳正在升起，我们还得去加油，所以我们回到加油机身边，把油加满，然后返回刚才我们投弹的地方，这样我们就可以进行打击效果评估（BDA）。和你想象的一样，目标处什么都没剩下，也没有生还者。

“那次任务中，两架‘台风’战斗机都挂载了‘利特宁’目标指示吊舱，所以我们使用该吊舱观察目标区域，以确保我们能够在当前的交战规则下作战。我们之所以选择凌晨发动空袭，是因为如果有人那么早就在那里活动，那么他们基本上不可能是在处理自家事情的无辜平民。我们以马赫数 0.8 的速度在约 22000 英尺的高度飞行，将‘利特宁’吊舱的镜头对准目标，我们就能看清目标，然后投射武器。要做到这点，你得创建一个标定目标的坐标，并确定要投射的弹药。剩下的工作由计算机完成。操纵杆的顶端有个保险盖，你可以用手指将其打开，然后只需按下‘投放’按钮，你就可以将你选定的弹药投射到确定的目标的头上。任务完成。

“磨合期的工作量很大。很多按钮和按键配合使用，用于标定目标、分配武器弹药等等。这个系统使用起来相对简单。但要记住，当你以每分钟 8 英里的速度飞行时，你正在全神贯注做这些事情，根本没有时间和精力考虑重大道德问题——你知道，‘哦，我知道接下来要发生什么，他们正在想什么，等等’。

ARMED

“埃拉米”行动期间，一架挂弹完毕的“台风”战斗机停放在雨后的停机坪上，地面上到处是积水。（英国皇家空军供图）

TOP

“当你白天投放炸弹时，整个过程会给你深刻的印象——你按下按钮，随后计算机去解算后续的操作过程，这期间会有一个几乎察觉不到的延迟，当前两枚炸弹投射出去的瞬间，飞机会颤抖几下，毕竟，炸弹离架时，飞机的总重瞬间少了两吨，所以你会感觉飞机突然轻了很多。你可以从座舱侧面看到炸弹下落的轨迹，炸弹就在你正下方，水平速度与飞机相同。在‘台风’战斗机的座舱里，你可以看到鸭翼位于你膝盖的前方，机翼在你身后，所以如果你从侧面望去，能看到你的正下方飞机外部情况。

“我在利比亚战场第一次出击时，看到的第一次实弹投射是由我的僚机‘狂风’GR4完成的。我们在这个特殊的空域巡逻了几个小时，燃料也消耗得差不多了，正要返航时，‘狂风’发现了一些坦克，于是向他们发射了‘硫磺石’导弹。这个场面非常难忘，因为我就在旁边。很难相信这些‘硫磺石’导弹有那么大的威力，尤其是看到其相对较小的体积——整个场面就像一场焰火表演！我的任务是观察任务区域，确保没有其他东西飞向目标，所以我用机载吊舱框住了目标区域，我看到“硫磺石”导弹进入攻击航线并下降到较低高度，一直咬着目标。在吊舱对准该区域时，我在一个显示器屏幕上监控着目标坦克，看到‘硫磺石’导弹完成最终的命中，摧毁目标，那场景终生难忘。

“‘硫磺石’导弹的一个特点是打击非常精确，但你从高处通常看不出它造成了什么破坏。导弹会猛烈撞击目标的装甲，将动能传递到目标内部，消灭里面的所有人，但从外部看不到什么明显的破坏。因此，除非你看到导弹直接命中目标，否则很难判断出是否真的造成什么破坏。

“不管怎样，完成任务后，我们转向，然后返航——由于两型飞机性能的差异，我们分开了——然后我爬升到40000英尺高度，转向乔亚基地。你将空管频率从军方切换到马耳他空管雷达管制区，可以看到几乎所有的航空公司的飞机：瑞安、英航、意大利航、易捷航等等，想到这些飞机里挤满了去度假的人，而我们从战场归来，却接受着同样的空中交通管制，这真的很奇妙，仿佛来自两个世界的人。这两类元素是如此的不协调，如此的割裂——你几乎可以想象到，二者之间一定隔着几堵墙，这样两个世界就不会互相碰撞，你会有非常强烈的‘脱节’的感觉。

“有一种说法叫‘高度上的道德’。这是一句用来形容轰炸机飞行员的‘黑话’，他们将炸弹投放到他们看不见的受害者身上，却从未对那些被他们的炸弹夺去生命、家庭、家园和财产的人感到任何悔恨和同情。我觉得这话套用在我们身上，很不公平。在这方面，目标指示吊舱是一个真正的游戏规则改变者，因为它获取的实时画面，能让你从很近的距离上看到你投放的武器弹药的毁伤效果。在很多时候，我们投射弹药时，能在屏幕上以更近的视角看到命中的画面，比地面的步兵看得更清楚，更近。曾几何时，只有狙击手才能亲眼看到他们打出的子弹命中目标的血腥画面，但科技的发展，已经将同样的能力带给了飞行在两万英尺高空的飞行员。

“拥有这些手段，意味着你执行任务不只是出现在目标面前，扔下炸弹，然后飞回家交差，喝茶吃松饼那么轻松了。我们要花很长时间飞越目标，观察、确认并反复检查情报是否准确，附近是不是没有任何平民。你得时刻将交战规则印在脑子里，因为你肩负着巨大的法律责任，这可能非常复杂。其次是你选用的武器，必须和目标相匹配。你不能轻率地扔下一枚 1000 磅炸弹去炸一个在市场上让你讨厌的人，因为这种武器杀伤范围太大了，会伤及无数无辜。如果你没有点对点打击的武器可以干掉他并且不会造成附带伤害，你就不要开火。归根结底，这是一个关于使用正确的工具来完成工作的问题。

“你不想把事情搞砸，因为抛开道德和哲学的因素，一旦出问题，你个人会惹上很多麻烦，比如在监狱里度过余生。所有这些规则都是为了每次都能采取正确的措施提供强有力的论据。

“我第一次在战斗飞行中投射武器是向森林中的两辆 BTR60 装甲运兵车（APC）开火。这好像和你想象的有所不同——我想象中的利比亚是一片沙漠，有很多海岸，但就像我刚才说的那样，这两辆装甲车在一片森林里。我们得到情报，这些装甲车一直昼伏夜出，对当地居民作威作福——冲入城镇，用重机枪扫射人群，然后在黑暗中撤退，藏在森林中。

“我们根据从他们那里获得的情报——我和一架‘狂风’GR4 组成双机巡逻编队，所以我们出发并察看了敌情，我们各用两枚增强型‘铺路’II（EPW II）激光制导炸弹击中了这些装甲车。我们的余油不多了，于是我们转向往回走，去和加油机会合，然后返回森林上空，去炸另外一辆 BTR60。当我们结束攻击的时候，那些先前耀武扬威的装甲车已经所剩无几了。

“我还记得另一个白天飞的任务。目标是一辆丰田海力士（Hi-Lux）皮卡车，车斗里架着一挺.50 口径机枪，这是恐怖分子喜欢的一种技术改装车。车上的人正在与一些武装部队交战”，他们之间有一英里或一英里半的距离，在沙漠中鏖战，皮卡躲在一棵树后面，有效地遮挡了武装部队的视线。但从空中看，皮卡简直是亡命之徒，因为你可以看到周围几英里的情况，除了他们面前的这棵树以外，什么都没有，离他们大约一英里远的地方，就是被他们打得抬不起头来的武装部队。

AIR INTAKE

2011年3月23日，“埃拉米”行动期间，一架“台风”FGR4战斗机正在乔亚·德尔科勒基地进行航前准备，一架稍后与其同行的“狂风”GR4战斗机停放在远处。(英国皇家空军供图)

一架皇家空军“台风”FGR4战斗机从乔亚·德尔科勒基地起飞，前往利比亚执行任务。飞机挂载了4枚增强型“铺路”II（EPW II）激光制导炸弹，“利特宁”III目标指示吊舱，先进中距空空导弹和先进近距空空导弹。（英国皇家空军供图）

“下一步动作的关键就是找到合适的武器来解决这个问题，在这种情况下，我使用 EPWII 激光制导炸弹，很大的原因就是这比‘狂风’携带的任何导弹都便宜。考虑到目标周围十分开阔，没有其他人员和装备，使用该弹药没有任何附带损伤的风险。‘铺路’炸弹的精度非常高，直接命中了丰田皮卡。

“你在飞机上挂载的任何东西都会对飞机的飞行性能造成影响。我不仅仅指所有额外重量会对飞机的性能造成的影响，还有外挂物带来的阻力，所以没有无外挂干净构型的状态下那种轻盈和顺畅。按照我的想法，在‘埃拉米’行动中一次典型的作战飞行任务中，我会携带 4 枚炸弹，一个目标指示吊舱，两个 1000 升副油箱，两枚先进中距空空导弹，两枚先进近距空空导弹……这一大堆额外重量，可是够飞机喝一壶的了。

“还有，外挂物本身也有使用限制，目标指示吊舱就是一个例子，吊舱有使用高度限制，因为高度越高，空气越稀薄，能提供给吊舱的冷却空气就越少，所以你必须认真考虑飞行高度。这反过来也会影响座机的油耗（飞行高度越高越好，高空空气稀薄，意味着飞机的飞行阻力更小，因此油耗也会更低）。还有，你会注意到对滚转速率的影响——你用力向一侧压杆，飞机是需要一纳秒的响应时间就会滚转，你放开操纵杆，飞机会用稍微长一点的时间停止滚转。

“你真的不会注意到单纯动力方面的影响那么大——在正常空载起飞中，我仅用军用推力就可升空。当挂载了武器后，我得开加力起飞，加速性能和空载几乎一样，我感觉不出任何区别。令人吃惊的是，如果说非得找出什么不同，那恐怕就是开加力时有喷射火舌的咕噜声了。

“那就是说，任何喷气战斗机开加力后，就变成真正的‘油老虎’。如果我在高空巡航，座机的耗油率会比在低空开加力或者空中格斗时要低得多。

“因此，我们只在必要的时候才开加力——例如在紧急起飞时快速升空。我们在任务训练转换部队进行空战机动演示，向飞行学员展示开加力后带来的性能巨大变化。我们开加力起飞，爬升时机头仰角高达 60° 或 70° ，我会对飞行学员说‘伙计，你回头看一下，我们已经离开地面多远了，这对我们来说，小意思。现在看一下，我们爬升得有多快，爬升到很高的高度了。现在，如果另外一架战斗机做不到这一点，那么他只能在地面上空磨蹭，而你已经爬到了他的头顶上，这给了你一个绝佳空当，让你的枪口对准他。他够不着你，因为他不能正面接近你，并且已经飞到了你的前面，胜负已分，战斗结束。’这都要归功于‘台风’战斗机强大的动力——这是超乎寻常的。

“在利比亚上空执行某些任务返航后，总有一些有趣的事情发生，但没有比我们用机载的‘利特宁’吊舱为其他喷气战斗机提供情报支援更有趣的事情了。在那些任务中，我们不携带任何炸弹，所以我们只挂载空空导弹。我以马赫数 1.6 的速度爬升到 5 万多英尺的高空，飞行 600 英里，直到在基地降落。最吸引人的是，我们执行这样的任务，是有补贴的！

“当我在‘狂风’F3 战斗机上飞行的时候，我们的任务升限大约是 25000 英尺，所以当气象条件较差的时候，你就被束缚住了——当你爬升到升限高度时，就没有别的办法了。在‘台风’战斗机上就没有这样的限制，因为我们可以爬升到云层上面——我们可以飞越对流层顶部进入平流层。这都要归功于发动机和出色的飞控系统。从战术角度来说，扣下扳机前，我们飞得越快越高，就意味着导弹的初始动能和势能越高，那么导弹的射程就更远。当导弹能飞得更远，到达目标附近时，还能保留更多的能量。这意味着我们可以在别人对付我们之前就能打到他——甚至在他们发现我们之前。这不仅要看导弹的性能，还与发射平台有很大的关系。

“我们参战的两个月里，我飞了大约 15 或 16 次战斗飞行任务，平均每次飞行 6 或 7 个小时，所以任务强度相当高。然而回过头来看，一件引人注目的事情就是‘台风’战斗机表现出了它的优势。完成了我们要在利比亚上空所做的一切——携带空空导弹和我们配备的所有炸弹——如果换做 F–16，则需要四个架次才能完成台风一架次所完成的任务。这就是‘台风’的优势，就是这么优秀。

“我驾驶过几次没有外挂，干净构型的‘台风’战斗机——我们飞往英国皇家空军诺索尔特机场接手 2012 年伦敦奥运会期间的 QRA 任务时，就是这样驾驶飞机的——飞机此时真是一头猛兽！你在机腹只挂载一个副油箱时，就可以进行超音速巡航，但是如果不挂，外挂点上不挂任何外挂物，纯粹的动力、推力几乎让你感觉不到上限。我在这种状态下做过几次表演性质的加力起飞，然后带着加力继续爬升。你可以在超音速状态下机动飞行，可以沿着飞行路径做出桶滚动作。你可以在客机的飞行包线边缘以马赫数 1.3 的速度做桶滚，你可以回头看着你在天空中画出的螺旋形的轨迹。就像我说的那样——疯狂，刺激！

“我不得不说，今天我在自己的‘办公室’里过得不错！”

ZJ933

2011 年 4 月 11 日，“埃拉米”行动期间，一架第 11 中队的“台风”战斗机起飞执行任务。（英国皇家空军供图）

皇家空军康宁斯比第 3（F）中队的地勤人员跑向一架正在进行快速警报响应（QRA）演练的“台风”战斗机。起飞前最终检查完成后，准许飞机滑出，飞行员操控着他的“台风”F2 座机，发动机已准备就绪，可随时开车。（“欧洲战斗机”项目成员乔夫·李供图）

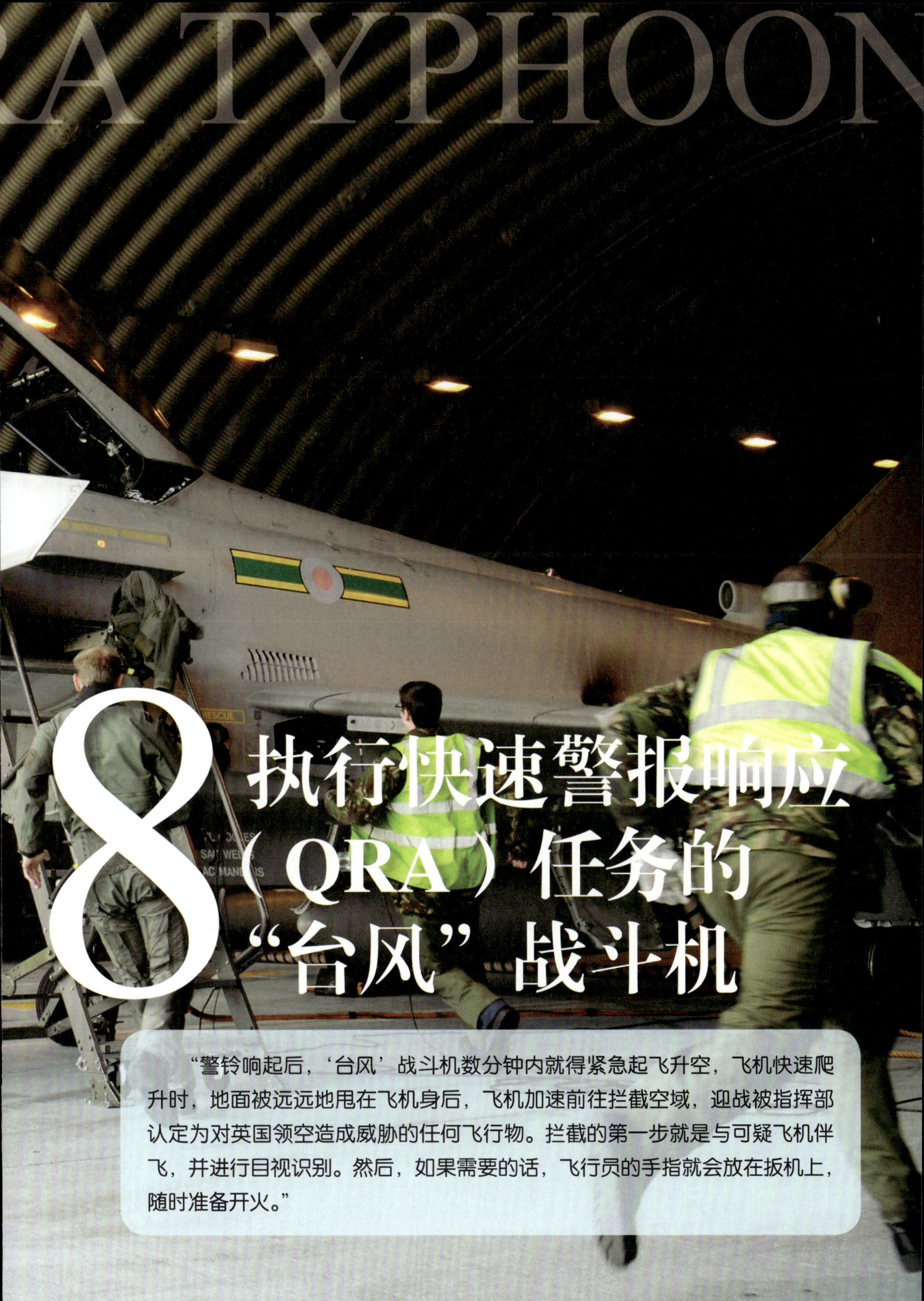

8 执行快速警报响应（QRA）任务的“台风”战斗机

“警铃响起后，‘台风’战斗机数分钟内就得紧急起飞升空，飞机快速爬升时，地面被远远地甩在飞机身后，飞机加速前往拦截空域，迎战被指挥部认定为对英国领空造成威胁的任何飞行物。拦截的第一步就是与可疑飞机伴飞，并进行目视识别。然后，如果需要的话，飞行员的手指就会放在扳机上，随时准备开火。”

深入了解英国的快速警报响应（QRA）系统

2007 年，时任英国军情 5 处（MI5）负责人的伊莱扎·曼宁汉姆·布勒女爵（Dame Eliza Mannigham-Buller）在一份声明中强调了当前英国面临的恐怖主义威胁。她的声明——以及 2012 年伦敦奥运会——强化了“基地”组织高调袭击的威胁，并再次引发了伦敦上空可能会有藏有炸弹的客机的恐慌。

2006 年 3 个英国新移民密谋在希思罗机场至美国的跨大西洋航班上实施一系列连环自杀式炸弹袭击，一旦得手，可能会导致 10000 多人死亡。这起事件和“9·11”事件都表明，使用商用飞机作为大规模杀伤武器是“基地”组织的惯用手段。但英国如何应对这样的威胁呢？

自“9·11”事件以来，击落被劫持的商业客机一直是英国反恐战争前线面临的严峻抉择。当我们处理日常事务时，英国皇家空军的战斗机飞行员却时刻紧绷着神经，生活在我们视为噩梦的环境中。

正是“9·11”事件，迫使英国皇家空军考虑如何应对恐怖组织利用民航客机作为大威力破坏性武器进行恐袭的所谓的“不对称威胁”。这个新型任务最初落在维持快速反应警戒（QRA）的装备“狂风”F3战斗机的部队身上。

QRA任务自冷战时期就已经存在。其主要任务是探测、阻止，如果必要的话，拦截和摧毁任何对英国领空有威胁的飞行器。今天的QRA系统包括全副武装的“台风”FGR4战斗机，处于地面待命状态，命令下达可以立即起飞，还有一套对空监视/管制系统，为喷气战斗机提供指挥和控制，加油机也在地面处于一级战备状态。“台风”战斗机是系统的最后一环，由情报系统提供支援，并得到地面大规模反恐行动的支持。为了覆盖广大的地理范围，执行QRA任务的皇家空军卢查斯基地派出两架飞机不间断飞行（覆盖北部地区），另外两架飞机由皇家空军康宁斯比基地派遣（覆盖伦敦和南部地区）。在任何时间，机

下图：一架英国皇家空军“台风”战斗机抵达伦敦西部的皇家空军诺索尔特基地，参加伦敦奥运会开幕前的空中巡逻演练。“台风”战斗机在2012年5月2日抵达皇家空军诺索尔特基地，参加一项大型军事演习，以检验即将到来的奥运会的安保工作能力。喷气战斗机的到来，标志着皇家空军诺索尔特基地自二战以来第一次有战斗机进驻，标志着专项训练的开始。这导致伦敦和本土上空的飞行活动更加频繁。这次演习的代号为“奥运卫士”，为期8天，空勤人员、地面部队和水手在东南部的天空中留下了足迹。（英国皇家空军供图）

AB

一架第11中队的“台风”战斗机在康宁斯比基地准备起飞执行任务。（英国皇家空军供图）

组人员都时刻准备着，只要接到电话，几分钟内就紧急起飞，如果有必要，击落任何被恐怖分子当作武器的飞行器。

他们 24 小时执勤。当执勤人员到达岗位时，他们会收到一份情报简报，并换上飞行装具，任务装备伸手便可触及。他们甚至会穿着水下救生服睡觉——如果他们紧急出动，起床时还能节省几秒钟。机组人员的目标是尽快让‘台风’出动，他们定期训练，以保持他们的快速反应能力。

QRA 中心建在加固飞机掩体（HAS）旁边，掩体里面停放着加好油整备完毕的飞机。中心设有机组值班室、几间卧室和一间公共休息室，里面有电视还有书架，书架上堆满了书籍、杂志、报纸和 DVD 等用来消磨时间的娱乐品。

全国各地的雷达扫描着英国上空拥挤的航线，雷达数据通过专用网络汇总到一个冷战时期建成的地堡中的电脑里，进行数据汇总处理。24 小时监控英国领空的职责落在了位于诺森比亚（Northumbria）的皇家空军布尔莫基地身上，在基地内整修一新的控制室里，战斗机管制人员全天解析着英国上空飞行的数千架飞机的雷达数据；如果有飞机失联或被劫持，他们就会向战斗机飞行员发出战备警报，战斗机进入一级战备状态，随时待命。指挥组中职级最高的人可在几秒钟内连线指挥链路。接下来几分钟发生的事将会决定是否下达紧急起飞的命令。

紧急起飞是一场令人肾上腺素飙升的冲刺，让人想起了不列颠战役期间的那个初夏，“喷火”式和“飓风”式战斗机的飞行员穿戴齐全

下图：第 29（R）中队的飞行员在返航后走下他驾驶的“台风”战斗机。尽管大雪纷飞，男女空地勤人员辛勤工作，保持机场的开放状态，维持了英国南部的 QRA 响应能力，可在几分钟内起飞拦截抱有敌意或可疑的飞行器。（英国皇家空军供图）

上图：第11中队一架执行QRA任务的“台风”F2战斗机与一架俄罗斯的“熊”-H轰炸机在北大西洋上空伴飞。（英国皇家空军供图）

地躺在飞机旁休息，等待着天亮的出击命令。分秒必争，即使是今天的QRA机组人员，也要快速跑向自己的座机，机务人员也将在现场整备飞机，各部门配合，让飞机快速出动。在接到电话的几分钟内，“台风”战斗机就升空了，随着飞机爬升，地面被远远甩在飞机下面，飞机加速到两倍音速以上，去迎击被却认为会对英国领空构成威胁的飞行物。他们的首要任务是要靠近可疑飞行器，充当决策者的眼睛。然后，如果需要的话，飞行员会把手指放在扳机上。

自“9·11”事件以来，英国皇家空军的战斗机在英国领空紧急拦截商用飞机超过150次；幸运的是，这些事故主要涉及的飞机都是因为系统故障或飞行员操作失误。但是，如果任何飞行器被证实是一种威胁，“台风”战斗机就会用自身装备的导弹或者机炮将其击落。这是最后的手段——任何摧毁客机的决定都要由最高级别指挥机构做出。

每次遇到客机都会非常紧张。一位不愿意透露姓名的QRA飞行员说，“我们已经遇到一系列事件，有乘客放下座椅靠背小桌板，发现上面有一张纸条，写着‘机上有一枚炸弹’，这是一个恶作剧。”最近，我们得知有一艘美国航空母舰放飞舰载机，航向向北，朝着远离伦敦的方向飞行，有另一架喷气机随后也起飞了。没有任何参照，第一架飞机的飞行员盘旋了一圈，等待后续飞机跟上来。所以有这样一种情况，一架飞机离开英国飞往美国，并进入一个未经授权的航线，从那里开始返回伦敦。在空管人员的眼里，这看起来像一场潜在的恐怖袭击，信号是发送给我们的。这是我们被指派去现场查看的一个很好的例子。如果他们失联或者无法通过无线电取得联系，我们就得在那架客机旁伴飞，并引起客机飞行员的注意。

击落一架客机是你希望永远不会发生在现实世界的场景。当机上330名无辜乘客、机组人员及两名劫机者和伦敦或金丝雀码头（Canary Wharf）上的成千上万人比起来，毫无疑问；每个人都希望这种事永远不会落到自己头上，这就是你要如何应对的事情，但归根结底，这就

国防部发布，自“9·11”事件以来，“台风”战斗机及其前任“狂风”F3战斗机已经紧急升空拦截可疑航班超过100次。许多这样的事件没有公开报道，虽然无法得到关于“台风”战斗机紧急起飞的详细记录，但有一些报道，讲述了早期此类事件中，“狂风”战斗机做出的反应。

- 2004年9月26日。皇家空军“狂风”F3战斗机紧急起飞，拦截一架奥林匹克航空公司从雅典飞往纽约肯尼迪国际机场的飞机，该机报告遭到炸弹威胁，机上载有301名乘客。飞机被引导至埃塞克斯斯坦斯特德机场备降，飞机降落后立即被封控在管制区域内，专家团队对飞机进行检查后，宣布飞机是安全的。这一串戏剧性的事件是在一家希腊日报社埃斯诺斯（Ethnos）报收到3个匿名电话警告后引发的，其中还提到了伊拉克。
- 2003年10月31日。皇家空军一架“狂风”战斗机紧急起飞，拦截一架英国航空喷气客机，人们担心这架飞机已被劫持。法国空管与这架飞往盖特维克（Gatwick）的波音737客机失去无线电联系25分钟以后，战斗机从皇家空军康宁斯比基地紧急起飞。客机在巴克威（Barkway）上空与空管恢复联络。客机机长赫特茨（Herts）和80名乘客并不知道这一戏剧性事件，将其归因于无线电故障。
- 2002年10月4日。皇家空军多架战斗机紧急起飞，在25000英尺的高度拦截一架发出重大恐怖警报的英国航空喷气客机，据相关报道，两名乘客密谋冲进驾驶舱，对话被其他乘客听到并反映给机组人员。这架从巴尔的摩起飞的BA228航班的机长随即向空管发出警报，然后“狂风”F3战斗机从皇家空军康宁斯比基地起飞，呼啸着飞到这架飞往伦敦希思罗机场的班机旁边，伴飞时保持着200英尺以内的距离。飞机在希思罗机场安全着陆后，伦敦警察厅侦缉处的警官用枪顶着这两人，将其带下飞机，经过调查得出结论，他俩没有任何违法犯罪行为，并且这两人都是美国公民，被允许离开。

上图：紧急起飞！历史与现在同框。65 年弹指一挥间，两种标志性的机型联袂出现在天空中。根据惯例，皇家空军不列颠战役纪念飞行队的“喷火”战斗机由皇家空军康宁斯比基地场站指挥官驾驶，“台风”战斗机由行动指挥官驾驶。（英国皇家空军供图）

是我们到这里的任务。

英国皇家空军康宁斯比基地第 29（R）中队的飞行员尼克·格拉汉姆上尉说：“我们在 QRA 中心执勤时，一天要被叫到座舱中待命好几次，所以，某种程度上，我们在疲于奔命，尽管更多的时候，你被叫进座舱，然后就完了，就是这样折腾人。90% 的情况下，你在起飞前都是待命的，因为无论是什么问题，一架飞机失去联系或者飞错航线，或者其他什么原因，都已经弄清楚了，没事了。”

2012 年 4 月，第 11 中队的两个伙计紧急起飞，在牛津地区拦截一架民用直升机，该机的飞行员用错了无线电频率并且挂出了紧急情况代码，代码表明飞机要么被劫持，要么“操控异常”。那次事件上了新闻，因为进行拦截的两架“台风”战斗机在地面上空超音速飞行，数千人听到了音爆，以为发生了爆炸，有人把电话打到了国防部。这些飞行员进行超音速飞行应该是得到伦敦军事空管的授权的——只有在城镇上空发生特殊情况时才允许这样飞行，在当天，直升机正在向空管挂出被劫机代码，所以符合特殊情况的标准。

在这种场景下，你拦截一架轻型飞机或者直升机时，很显然，你必须非常小心，因为我们的发动机的尾流可能会把他们抛向天空。我们通常会从左侧接近，与其伴飞，以引起机组人员的注意。当我们超越被拦截机而不是左转脱离时，我们通常会从其上方飞过，让我们的尾流远离被拦截飞机。如果拦截的是直升机，你还要留出额外的距离——你不要直接飞过旋翼上方，因为你的飞机会破坏旋翼的流场，使其失去升力导致其坠机。

附录 A 专业术语汇总

ACS：火控系统。管理武器切换、发射并监控武器状态。

AMRAAM：先进中距空空导弹。一种现代超视距空空导弹，可昼夜全天候作战。（美军型号为 AIM-120 AMRAAM，译者注）

APU：辅助动力单元。“台风”战斗机上在发动机不开车的状态下为机载系统提供动力的装置。该装置的主要用途是为发动机开车提供动力，以及在发动机关车状态下为机载系统的运行提供动力。

ASRAAM：先进近距空空导弹。一种高速、高机动性红外制导空空导弹，具备“发射后不管”能力，并且可以不受目标穿入云层以及现有复杂红外对抗措施的干扰，仍能击中目标。

AWACS：用于在远距离上探测飞机、舰船和车辆的空基雷达系统，还可指挥、控制战场空域，引导友方战斗机和攻击机与敌方交战。英国皇家空军的波音 E-3D“望楼”预警机扮演此角色。

空对空作战：“台风”战斗机遂行或以空战配置参加空战，夺取制空权或防空作战。

空中加油：也被称为“空中加受油”，这个作业过程中，燃料在飞行中从一架飞机（加油机）向其他飞机（受油机）输送。这可以使受油机的留空时间延长，增加其航程或在战位上的逗留时间。

对地攻击：“台风”战斗机以对地攻击外挂配置执行对地打击任务。

减速板：“台风”战斗机座舱后部的机背上的操纵面，打开时可增大迎风面积，增大阻力，起到减速作用，或在降落进近时扩大迎角。

迎角：机翼平面指向与流经机翼上表面的气流方向的夹角。

姿态：一架飞机在飞行时迎面气流方向与三维空间坐标轴的夹角，或者其位置相对于地面的运动状态，例如垂直和水平面上的爬升和下降。

内窥镜：也称管道镜。一种由刚性或柔性管道连接目镜和物镜的光学装置，可用于在常规方式无法进入的情况下，探查物体内部狭小空间内的情况。

“硫磺石”导弹：一种先进的雷达制导空对地导弹，在美国陆军 AGM-114F “海尔法”反坦克导弹的基础上研发而来。该弹挂载在英军飞机的三联装发射滑轨上。由后部的火箭发动机提供动力，可在较远的距离上搜索并摧毁目标。

CAS：空军参谋长。

弦长：从机翼前缘到后缘的距离。这个术语也适用于喷气发动机进气风扇叶片的翼型。

近距空中支援：固定翼或旋翼空中作战平台对接近地面友军的敌方目标进行打击，支援友军作战。要求每个空中作战任务与地面部队的移动紧密且细致的配合，有效压制敌方，并避免对己方的误伤。

加力 / 军用推力：喷气发动机在开加力 / 未开加力时的功率 / 推力。

多普勒雷达：一种利用多普勒效应得出物体速度数据的专用雷达。其工作时向目标发射微波信号，然后监听和分析回波信号的频率是如何被物体的运动所影响的，解算出所需数据。

ECM：电子对抗手段。一种用来欺骗雷达、声呐或其他探测系统的电子设备。进攻和防御时用来阻止敌人收到目标信息。

增强型“铺路”II：一种 450 千克级激光制导炸弹，基于“铺路”II 激光制导炸弹研制，改进了制导系统。当目标上方被云层遮盖，激光无法穿透时，在这种场景下，制导系统会自动切换至 GPS 制导，通过弹载导航单元将弹药引导至目标位置。

高速喷气机：像“狂风”GR4 或“台风”FGR4 这样的进攻性军用飞机。

F-16“战隼”：F-16 是通用动力公司为美国空军（USAF）研发的多用途战斗机，在 1978 年问世，计划在美国空军服役到 2025 年。该机计划由洛克希德 · 马丁公司的 F-35“闪电”II 系列中的 F-35A 替代。

F/A-18“大黄蜂”：麦克唐纳 · 道格拉斯公司为美国海军研制的全天候舰载多用途双发超音速喷气战斗机，可进行空战和对地攻击，1983 年服役。

F-22“猛禽”：单座双发第五代隐形战斗机，具备超机动能力，在 2005 年进入美国空军服役。

F-35“闪电”II：一系列单座单发第五代多用途战斗机，围绕着对地攻击、侦察和防空任务研发，具备优异的隐身能力。英国购买的 F-35B

垂直起降型在 2020 年进入英国皇家空军和皇家海军服役。

GBU：制导炸弹单元或灵巧炸弹。

g 力：以重力加速度为基础的计量单位，加速度参考自由落体的重力加速度比率换算出的 g 值。尽管 g 力是约定俗成的名词，但在技术上其用于衡量加速度，而非受力。

HEAT：高爆反坦克弹药。其战斗部内采用爆炸聚能装药，在撞击目标时产生超塑性状态的极高速金属射流，可以穿透坚固的装甲。

INS：惯性导航系统。一种应用计算机、加速度级和陀螺仪的导航辅助设备。通过航位推算，持续计算运动物体的位置、方向和速度，无须外部参照。

Intel：智能。

ISTAR：情报、监视、目标截获和侦察，这是一种将多个战场功能有机整合的实际应用，以帮助作战部队使用其传感装置并管理其手机的信息。

JEngO：初级工程军官。

MQ-9“收割者”：一种中高空长航时远程操控察打一体无人机系统。但其主要任务是进行情报、监视和侦察（ISR），可为地面部队提供空中火力支援，如果需要的话，可打击时间敏感性目标。通常执行打击任务时挂载两枚 GBU-12 500 磅激光制导炸弹和 4 枚 AGM-114“海尔法”反坦克导弹。

MIDS：一种高容量数字信息分发系统，具备保密和抗干扰能力，在大量用户之间实时进行数据交换，用户包括战术空中力量，以及在需要的情况下，将地面部队和海上部队也接入系统中。

马赫：速度相对于音速比值的单位。马赫数 1 相当于音速，大约相当于 1225 千米 / 小时（速度值与大气环境高度相关）。

NATO：北大西洋公约组织，简称“北约”。由北美和欧洲数个国家在 1949 年 4 月 4 日联合成立的旨在面对北大西洋方向威胁的军事联盟。该组织建立在集体防御体系的基础上，其成员国同意共同防御，以应对外部任何一方的攻击。

NVG：夜视镜。可将夜间微光增强 50000 倍，达到人眼可识别水平的光学设备。

NETMA：北约国家装备“欧洲战斗机”和“狂风”战斗机的管理机构，主要客户为“欧洲战斗机”和“狂风”战斗机的研制伙伴国。

OC：指挥官——负责一个中队的联队指挥官。

OCU：英国皇家空军负责作战训练转换的中队。这些部队负责训练将要改装到特定型号飞机的机组人员。

海利克行动：英军在阿富汗执行军事行动的代号。

QRA：快速反应警戒任务。该类任务名称常缩写为“Q”，指的是英国皇家空军 7×24 小时，一年 365 天保卫英国领空。“台风”FGR4 和机组人员已经准备就绪，处于战备状态，随时准备起飞去拦截任何已知的空中威胁。

英国皇家空军团：皇家空军自己管理的军事团体，负责部队保护、机场防御前线空中管制和空降作战。

RoE：交战规则。一国政府指定的法律，规定武器和军力的使用和比例。

RPG：苏联研发的火箭助推榴弹。可肩扛发射的火箭弹，弹头为高爆榴弹战斗部。

加力：也被称为“后燃器”。喷气发动机向尾喷管内直接注入燃油，进行二级燃烧，以显著增加发动机的推力。通常在起飞和作战机动时打开加力。喷气发动机使用加力时称为“加力推力”或“湿推力”，不开加力时称为“军用推力”或“干推力”。

抬头：飞机在跑道上高速滑跑时，抬头并起飞离地的瞬间，由飞行员向后拉操纵杆操控实现。

范围蔓延：项目范围不受控制的变化或持续扩张。

SEngO：高级技术军官。

隐身技术：隐身技术是军事技术和无源电子对抗措施的一个分支学科，涵盖一系列技术，是飞机和导弹降低被雷达、红外、声呐和其他探测方法发现的概率（理想状况是完全不可见）。

平流层：地球大气层向上第二层，位于地表上方的对流层之上，中间层之下。其在中纬度地区位于地球表面上空大约 6 英里到 30 英里的高度。

超音速巡航：一架飞机在不开加力的情况下持续保持超音速飞行。“台风”战斗机可以马赫数 1.5 的速度超音速巡航。

多任务：一架飞机既可完成空对空作战任务也可完成对地攻击任务，并可在一次任务中在两种作战模式下快速灵活切换。

温压弹：由陆军的“阿帕奇”AH1 攻击直升机和皇家空军操作的 MQ-9“收割者”无人机携带的增强爆破型“海尔法”导弹。

“狂风”F3：皇家空军使用的“狂风”战斗轰炸机的截击型。在 1985 年问世，没有在实战中取得过战果。该型飞机在 2011 年 3 月退役，被“台风”战斗机替代。

“狂风”GR4：双座变后掠翼对地攻击机，具备全天候昼夜作战能力，在英国皇家空军服役。可投射多种武器弹药。

转换器：将一种形式的能量转换为另外一种形式的装置。

对流层：地球大气层中的最低部分，包含了约 80% 的大气质量和 99% 的水蒸气。在中纬度地区，其平均深度为 11 英里。

UAV：无人机，代表机型为 MQ-9“收割者”。无人机上没有人类飞行员，依靠地面或其他飞机上的控制人员远程操控。

叶片：一个平面或径向连接在旋转的滚筒或圆筒上的许多叶片或面板中的一片，例如喷气发动机的进气风扇或由气流推动的涡轮。

僚机：双机编队中除长机以外的另一架飞机。

请访问 www.raf.mod.uk 网站获取更多英国皇家空军的人员、历史、组织机构、角色、装备和作战行动信息。

附录 B　设计要点和主要性能

主要性能：

两台欧洲发动机 EJ200 涡轮风扇发动机，每台发动机军用推力 60 千牛

加力推力 90 千牛

最大速度马赫数 2.0

所需跑道长度 2300 英尺

过载限制 +9g 到 –3g

从松刹车到爬升至 35000 英尺高度，速度马赫数 1.5，用时 150 秒以内

从松刹车到起飞离地，用时 8 秒以内（全内油并外挂导弹）

从 200 节到马赫数 1 的加速时间（低空）少于 30 秒

具备超音速巡航能力，并可仅依靠军用推力将飞机从亚音速加速到超音速

重量：

基本空重 24250 磅

常规最大起飞重量 50700 磅

外形尺寸：

翼展 35 英尺 11 英寸

机翼展弦比 2.2

总长 52 英尺 4 英寸

高度 17 英尺 4 英寸

翼面积 538 平方英尺

外挂武器：

机身内装 27 毫米“毛瑟”机炮

共 13 个外挂点：机身下 5 个（包含机身中线湿挂点），每侧翼下 4 个（含 1 个湿挂点）

机身两侧半埋挂点内挂载 4 枚先进中距空空导弹

翼下可挂载先进中距空空导弹和先进近距空空导弹

可挂载全系列空对地武器弹药，包括激光制导炸弹和非制导炸弹

附录 C　中英文对照表

（按照在正文中出现的先后顺序排序）

人名

安东尼 · 洛夫莱斯（Antony Loveless）

优异飞行十字勋章获得者阿列克斯 · 邓肯上尉（Flt Lt Alex Duncan DFC, AFC）

帝国勋章获得者，斯图尔特 · 贝尔福（Stuart Balfour MBE）

约翰 · 麦克福尔（John McFall）

马克 · 奎恩（Mark Quinn）

罗杰 · 艾利奥特（Roger Elliott）

卡罗尔（Carol）

乔纳森 · 法尔科纳（Jonathan Falconer）

保罗 · 戈弗雷（Paul Godfrey）

吉姆 · 罗宾逊（Jim Robinson）

皮特（Pete）

尼克 · 罗宾逊（Nick Robinson）

凯瑟琳 · 霍洛姆（Kathryn Holm）

劳埃德 · 霍根（Lloyd Horgan）

乔夫 · 李（Geoff Lee）

C. 本莱斯（C. Penrice）

马克 · 褒曼（Mark Bowman）

德永克彦（Katsuhiko Tokunaga）

罗伯特 · 施瓦布（Robert Schwab）

亚当 · 克里克莫尔（Adam Crickmore）

尼克 · 格拉汉姆（Nick Graham）

瑞安 · 曼纳林（Ryan Mannering）

马克 · 巴特沃斯（Mark Butterworth）

史蒂芬妮 · 怀尔德（Stephanie Wilde）

尼克 · 罗宾逊（Nick Robinson）

约翰 · 麦克罗尔（John McCarroll）

乔纳森 · 萨尔特（Jonathan Salt）

萨米 · 桑普森（Sammy Sampson）

“迪奇” · 帕图纳斯（‘Dicky’ Patounas）

伊莱扎 · 曼宁汉姆 · 布勒女爵（Dame Eliza Mannigham-Buller）

书名

《蓝天勇士》（Blue Sky Warriors）

《布满汗水的金属》（Sweating the Metal）

地名

皇家空军在康宁斯比基地（RAF Coningsby）

拉克希尔（Larkhill）

诺索尔特（Northolt）

兰开夏郡（lancashire）

沃顿（Warton）

曼兴（Manching）

盖塔菲（Getafe）

采尔特维克（Zeltweg）

乔亚 · 德尔科勒（空军基地（Gioia del Colle airbase）

卡迪根湾阿伯波特山脉（Aberporth range, Cardigan Bay）

皇家空军乌斯河畔林顿基地（Linton-on-Ouse）

奇耐提克中心（QinetiQ）

安格里希（Anglesey）

皇家空军峡谷（RAF valley）

英国皇家空军卢查尔基地（RAF Leuchar）

皇家空军洛西茅斯基地（RAF Lossimemouth）

博斯坎普城（Boscombe Down）

皇家空军卢查斯基地（RAF Leuchars）

皇家空军考斯福德基地（RAF Cosford）

芒特普莱森特（Mount Pleasant）
加那利群岛（Canary）
班尼瓦里（Bani Walid）
苏尔特（Sirte）
瓦丹（Waddan）
盖特维克（Gatwick）
巴克威（Barkway）

机型和绰号

欧洲战斗机“台风”（Euro Fighter Typhoon）
“狂风”战斗机（Tornado）
“闪电”战斗机（Lightening）
“鬼怪”FGR2 战斗机（Phantom FGR2）
图波列夫 图 -22M“逆火”超音速轰炸机（supersonic Tupolev Tu-22M）
F/A-18“大黄蜂”战斗机（F/A-18 Hornet）
欧洲联合战斗机（European Collaborative Fighter -ECF）
AIM-120 先进中距空空导弹（AMRAAM）
AIM-132 先进近距空空导弹（ASRAAM）
“海鹞”战斗机（Sea Harrier）
“利特宁”Ⅲ目标指示吊舱（Litening III（UK）targeting pod）
“硫磺石”空地导弹（Brimstone）
AGM-114F“地狱火”反坦克导弹（AGM-114F Hellfire）
“铺路”Ⅳ激光制导炸弹（Pave way IV）
“风暴阴影”巡航导弹（Storm Shadow Cruise Missile）
RAID 空战训练数据吊舱（Rangeless Airborne instrumentation debriefing system）
“巨嘴鸟”教练机（Tucano）
“鹰”T1 高级教练机（Hawk T1）
“大力神”运输机（Hercules）
“支奴干”直升机（Chinook）
“飞马座”发动机（Pegasus）
“猎迷”巡逻机（Nimrod）

组织和缩写

英国皇家空军（RAF）
BAE 系统公司（BAE Systems）
英国宇航公司（British Aerospace）
欧洲航空防务和航天公司（EADS）
麦克唐纳 · 道格拉斯公司（McDonnell Douglas）
梅塞施密特 - 博尔科 - 布洛姆（Messerschmitt-bölkowblohm-MBB）
达索公司（Dassault）
“欧洲战斗机股份有限公司”（Eurofighter Jagdflugzeug GmbH ）
北约欧洲战斗机及“狂风”战斗机管理局（NETMA）
欧洲涡轮喷气动力有限公司（EuroJet Turbo GmbH）
罗尔斯 - 罗伊斯（Rolls-Royce）
阿维奥（Avio）
MTU 航空发动机公司（MTU Aero Engines）
欧洲雷达公司（EuroRadar）
塞利克斯 · 伽利略（SElEX Galileo）
EADS 防务电子（EADS Defence Electronics）
因陀罗（INDRA）
阿莱尼亚飞机公司（Alenia Aeronautica）
卢卡斯伟力达公司（LucasVarity）
电传操纵（Fly By Wire-FBW）
飞行控制系统（Flight Control System - FCS）
手不离杆操作（Hand-on Throttle and Stick - HOTAS）
航向感知恢复能力（Dis-Orientation Recovery Capability - DORC）
多功能下视显示器（Multifunction HeadDown Display screens - MHDD）
平视显示器（Head-up Display - HUD）

前视红外（Forward-looking Infra-Red - FLIR）
语音、油门和操纵杆一体控制（Voice, Throttle And Stick - VTAS）
多功能信息分配系统（Multifunctional Information Distribution System - MIDS）
头盔显示符号系统（Helmet-Mounted Symbology System - HMSS）
人工输入数据设备（Manual Data-entry Facility - MDEF）
专用告警面板的（Dedicated Warnings Panel - DWP）
“打击者”飞行头盔（Striker Helmet）
头盔显示系统（He met Mounted Display - HMD）
“禁卫军”防御辅助子系统（Praetorian – the Defensive Aids Sub-System - DASS）
雷达告警接收机（Radar Warning Receiver - RWR）
激光告警接收机（Laser Warning Receiver - LWR）
电子对抗措施（Electronic Counter Measures - ECM）
拖曳雷达诱饵（Towed Radar Decoy - TRD）
触发导弹迫近告警（Missile Approach Warner - MAW）
连续波（Continuous Wave - CW）
脉冲多普勒（PulseDoppler - PD）
防御辅助计算机（Defensive Aids Computer - DAC）
欧洲喷气 EJ200 涡轮风扇发动机（EuroJet eJ200 turbofan）
智能发动机健康监测系统（Engine Health Monitoring - EHM）
数字发动机控制和监控单元（Digital engine Control and Monitoring unit - DECMU）
超视距作战（Beyond Visual Range - BVR）
近距格斗（Close In Combat - CIC）
快速警报相应（Quick Reaction Alert - QRA）
奥特拉电子公司（Ultra Electronics）
多功能集成挂架（integrated Tip stub Pylon launcher - ITSPL）
英国皇家空军克兰威尔学院（RAF Cranwell）
亨洛航空医学中心（RAF Centre of Aviation Medicine at RAF Henlow）
空勤人员设备组件（ Aircrew equipment Assembly- AEA）
抗荷裤和胸部抗压服（Chest CounterPressure Garment - CCPG）
任务转换部队（OCU）
“台风”战斗机配套训练设备（Typhoon Training Facility - TTF）
空勤人员综合训练辅助设备（Aircrew Synthetic Training Aids - ASTA）
全任务模拟器（Full Mission simulators - FMS）
仪表飞行训练（IRT）
基本防空作战部分（Basic Counter Air Module - BCAM）
基本空战机动（Basic Fighter Manoeuvres - BFM）
高级工程军官（Senior Engineering Officer - SENGO）
强化飞机掩体（HAS）
初级工程军官（Junior Engineering Officer - JENGO）
飞机维修机械师（Aircraft Maintenance Mechanic - AAM）
外来异物的损伤（Foreign Object Damage - FOD）

作战行动

“埃拉米”行动（Operation Ellamy）
“金牛座山”演习（Taurus Mountain）

附录 D　单位换算表

本书中用到的英制 / 美制单位与公制单位的换算关系如下：

1 英寸 = 2.54 厘米

1 英尺 = 12 英寸 = 0.3048 米

1 码 = 3 英尺 = 0.9144 米

1 英里 = 1760 码 = 1.6093 千米

1 平方英尺 = 0.0929 平方米

1 加仑（美制）= 3.7854 升

1 加仑（英制）= 4.5461 升

1 磅 = 0.4536 千克

1 节 = 1.852 千米 / 小时

1 平方英尺 = 0.09290304 平方米

1 磅力 = 0.004445 千牛 = 4.445 牛

1 磅力 / 平方英寸 = 0.00689 兆帕 = 6.894757 千帕

1 马赫 = 1225 千米 / 小时

1 海里 = 1.852 千米

图书在版编目（CIP）数据

英国皇家空军“台风”多用途战斗机/（英）安东尼·洛夫莱斯著；郭宇译. —上海：上海三联书店，2025.3
ISBN 978-7-5426-8751-7

Ⅰ. E926.31
中国国家版本馆CIP数据核字第20255Q1Z94号

英国皇家空军“台风”多用途战斗机

著　　者 / [英] 安东尼·洛夫莱斯（Antony Loveless）

译　　者 / 郭　宇
责任编辑 / 李　英
装帧设计 / 千橡文化
监　　制 / 姚　军
责任校对 / 王凌霄

出版发行 / 上海三联书店
(200041) 中国上海市静安区威海路 755 号 30 楼
邮　　箱 / sdxsanlian@sina.com
联系电话 / 编辑部：021-22895517
发行部：021-22895559
印　　刷 / 北京雅图新世纪印刷科技有限公司

版　　次 / 2025 年 3 月第 1 版
印　　次 / 2025 年 3 月第 1 次印刷
开　　本 / 787 × 1092　1/16
字　　数 / 393 千字
印　　张 / 22
书　　号 / ISBN 978-7-5426-8751-7/E · 34
定　　价 / 186.00 元

敬启读者，如发现本书有印装质量问题，请与印刷厂联系 15600624238